U0262759

图书在版编目（CIP）数据

观赏植物百科4／赖尔聪主编.—北京：中国建筑工业出版社，2013.10
ISBN 978-7-112-15807-2

Ⅰ.①观… Ⅱ.①赖… Ⅲ.①观赏植物—普及读物 Ⅳ.①S68-49

中国版本图书馆CIP数据核字（2013）第209598号

　　多彩的观赏植物构成了人类多彩的生存环境。本丛书涵盖了3237种观赏植物（包括品种341个），按"世界著名的观赏植物"、"中国著名的观赏植物"、"常见观赏植物"、"具有特殊功能的观赏植物"和"奇异观赏植物"等5大类43亚类146个项目进行系统整理与编辑成册。全书具有信息量大、突出景观应用效果、注重形态识别特征、编排有新意、实用优先等特点，并集知识性、趣味性、观赏性、科学性及实用性于一体，图文并茂，可读性强。本书是《观赏植物百科》的第4册，主要介绍常见观赏植物。

　　本书可供广大风景园林工作者、观赏植物爱好者、高等院校园林园艺专业师生学习参考。

责任编辑：吴宇江
书籍设计：北京美光设计制版有限公司
责任校对：肖　剑　刘　钰

观赏植物百科4
主　编　赖尔聪／西南林业大学
副主编　孙卫邦／中国科学院昆明植物研究所昆明植物园
　　　　石卓功／西南林业大学林学院
＊
中国建筑工业出版社出版、发行（北京西郊百万庄）
各地新华书店、建筑书店经销
北京美光设计制版有限公司制版
北京方嘉彩色印刷有限责任公司印刷
＊
开本：787×1092毫米　1/16　印张：17¾　字数：345千字
2016年1月第一版　2016年1月第一次印刷
定价：120.00元
ISBN 978－7－112－15807－2
　　　　　　（24553）

序

　　国人先辈对有观赏价值植物的认识早有记载，"桃之夭夭，灼灼其华"（《诗经•周南•桃夭》），描述桃花华丽妖艳，淋漓尽致。历代文人，咏花叙梅的名句不胜枚举。近现代，观赏植物成为重要的文化元素，是城乡建设美化环境的主要依托。

　　众所周知，城市景观、河坝堤岸、街道建设、人居环境等均需要园林绿化，自然离不开各种各样的观赏植物。大到生态环境、小到居家布景，观赏植物融入生产、生活的方方面面。已有一些图著记述观赏植物，大多是区域性或专类性的，而涵盖全球、涉及古今的观赏植物专著却不多见。

　　《观赏植物百科》的作者，在长期的教学和科研中，以亲身实践为基础，广集全球，遍及中国古今，勤于收集，精心遴选3237种（包括品种341个），按"世界著名的观赏植物"、"中国著名的观赏植物"、"常见观赏植物"、"具有特殊功能的观赏植物"和"奇异观赏植物"5大类43亚类146个项目进行系统整理并编辑成册。具有信息量大，突出景观应用效果，注重形态识别特征，编排有新意，实用优先等特点，集知识性、趣味性、观赏性、科学性及实用性于一体，号称"百科"，不为过分。

　　《观赏植物百科》图文相兼，可读易懂，能广为民众喜爱。

中国科学院院士　吴征镒

2012年10月19日于昆明

前言

    展现在人们眼前的各种景色叫景观，景观是自然及人类在土地上的烙印，是人与自然、人与人的关系以及人类理想与追求在大地上的投影。就其形成而言，有自然演变形成的，有人工建造的，更多的景观则是天人合一而成的。就其规模而言，有宏大的，亦有微小的。就其场地而言，有室外的，亦有室内的。就其时间而言，有漫长的演变而至，亦有瞬间造就而成，但无论是哪一类景观，其组成都离不开植物。

    植物是构成各类景观的重要元素之一，它始终发挥着巨大的生态和美化装饰作用，它赋景观以生命，这些植物统称观赏植物。

    观赏植物种类繁多，姿态万千，有木本的，有草本的；有高大的，有矮小的；有常绿的，有落叶的；有直立的，有匍匐的；有一年生的，有多年生的；有陆生的，有水生的；有"自力更生"的，亦有寄生、附生的；还有许多千奇百怪、情趣无穷的。确实丰富多彩，令人眼花缭乱。

    多彩的观赏植物构成了人类多彩的生存环境。随着社会物质文化生活水平的提高，人们对自身生存环境质量的要求也不断提高，植物的应用范围、应用种类亦不断扩大。特别是随着世界信息、物流速度的加快，无数植物的"新面孔"不断地涌入我们的眼帘，进入我们的生活。这是什么植物？有什么作用？一个又一个问题困惑着人们，常规的教材已跟不上飞快发展的现实，知识需要不断地补充和更新。

    为实现恩师郭荫卿教授"要努力帮助更多的人提高植物识别、应用和鉴赏能力"的遗愿，我坚持了近10年时间，不仅走遍了中国各省区的名山大川，包括香港、台湾，还到过东南亚、韩国、日本及欧洲13个国家。将自己有幸见过并认识了的3000多种植物整理成册，献给钟爱植物的朋友，并与大家一同分享识别植物的乐趣。

    3000多种虽只是多彩植物长河中的点点浪花，但我相信会让朋友们眼界开阔，知识添新，希望你们能喜欢。

    为使读者快捷地各取所需，本书以观赏植物的主要功能为脉络，用人为分类的方法将3237种（含341个品种）植物分为5大类、43亚类、146项目编排，在同一小类及项目中，原则上按植物拉丁名的字母顺序排列。拉丁学名的异名中，属名或种加词有重复使用时，一律用缩写字表示。

    本书附有7个附录资料、3种索引，供不同要求的读者查寻。

    编写的过程亦是学习的过程，错误和不妥在所难免，愿同行不吝赐教。

赖尔聪

2012年5月1日

目录

3 常见观赏植物

| 1707 | **雀舌黄杨**（匙叶黄杨、万年青、细叶黄杨）
Buxus bodinieri (B. harlandii) | 黄杨科 | 黄杨属 |
| | | 常绿小灌木 | |

原产中国
喜光，亦耐半阴；喜温暖，生育适温15～28℃；耐旱

| 1708 | **小叶黄杨**（细叶黄杨）
Buxus microphylla | 黄杨科 | 黄杨属 |
| | | 常绿小灌木 | |

原产中国、日本
喜光，耐半阴；喜温暖湿润，稍耐寒

福建茶（基及树、小叶厚壳树）
Carmona microphylla (Cordia retusa, Ehretia m.)

1709

厚壳树科	基及树属
常绿小灌木	

原产我国广东、海南及台
湾，亚洲其他热带地区及
大洋洲有分布
喜光，稍耐阴；喜高温多
湿，生育适温23～32℃

摄于香港迪士尼公园

观赏篱植及造型植物

2

1710	黄杨（瓜子黄杨）	黄杨科	黄杨属
	Buxus sinica (B. m. var. sinica)	灌木或小乔木	

原产我国秦岭以南长江流域中下游各地

喜半日照，耐阴；喜温暖，耐高温，生育适温

15～28℃

1711	假连翘（金露花）	马鞭草科	假连翘属
	Duranta repens (D. erecta, D. plumiera)	常绿灌木	

原产南美

喜光；喜高温高湿，生育适温22～30℃，越冬5℃以上

1712	**矮假连翘**（矮金露花） *Duranta repens* 'Dwarftype' (*D.* 'Dwarf Yellow')	马鞭草科　假连翘属 常绿小灌木

原产南美

喜光；喜高温高湿，生育适温22～30℃，越冬5℃以上

摄于德国

1713	**金边假连翘** *Duranta repens* 'Gold' (*D. erecta* 'G.')	马鞭草科　假连翘属 常绿小灌木

原产南美

喜光；喜高温高湿，生育适温20～30℃，越冬5℃以上

1714	金叶假连翘（黄金露花） *Duranta repens* 'Golden Leaves' (*D.* 'Dwaif Yellow')	马鞭草科　假连翘属 常绿小灌木

原种产南美

喜光；喜高温高湿，生育适温22～30℃，越冬
5℃以上

1715	胡颓子 *Elaeagnus pungens*	胡颓子科	胡颓子属
		常绿灌木	

我国分布于长江以南各省
喜光，耐半阴；喜温暖；耐旱，亦耐水湿

1716	黄薇（霓裳花） *Heimia myrtifolia*	千屈菜科	黄薇属
		常绿小灌木	

原产巴西
喜光；喜高温湿润，生育适温22～28℃

1717	红花玉芙蓉 *Leucophylum frutescens*	玄参科	玉芙蓉属
		灌木	

分布温带、亚热带地区
喜光；喜温暖湿润；耐旱

1718	金森女贞 *Ligustrum japonicum* 'Howardii'	木樨科	女贞属
		常绿灌木	

原种产日本
喜光，稍耐阴；耐高温，稍耐寒；适应性强

1719	**金叶女贞**	木樨科	女贞属
	Ligustrum lucidum 'Aureum' (*L. ovalifolium* f. *a.*, *L. o.* 'Vicaryi')	常绿灌木	

产中国中部

喜光，稍耐阴；较耐寒；喜微酸性土壤，亦耐盐碱

1720	**银边卵叶女贞**	木樨科	女贞属
	Ligustrum ovalifolium 'Argenteum' (*L. o.* 'Argentei-cinctum')	常绿小灌木	

原种产中国

喜光，不耐阴；喜高温湿润，生育适温20～28℃

花叶女贞（金边水蜡）	木樨科	女贞属

1721 *Ligustrum ovalifolium* 'Aureum' (*L. o.* 'Aureomarginatum', *L. sinense* 'Variegatum')

常绿灌木

原产中国

喜光，不耐阴；喜高温湿润，生育适温20～28℃

维卡女贞（金禾女贞）	木樨科	女贞属

1722 *Ligustrum ovalifolium* 'Vicaryi' (*L.* 'V'.)

半常绿灌木

原种产中国

喜光，稍耐阴；喜温暖、湿润，不耐干燥

小叶女贞
Ligustrum quihoui (*L. lucidum* 'Liliatum')

木樨科　女贞属

落叶或半落叶灌木

产我国中部、东部和西南部

喜光，稍耐阴；较耐寒；耐旱，亦耐湿

观赏篱植及造型植物

1724	金边女贞	木樨科	女贞属
	Ligustrum vulgare 'Aureum'	常绿小灌木	

栽培品种
喜光，不耐阴；喜温暖湿润

1725	谷木	野牡丹科	谷木属
	Memecylon caeruleum	常绿灌木至小乔木	

原产印度尼西亚、马来西亚
喜光；喜高温湿润

1726	梁王茶（良旺茶、金刚尖） *Nothopanax delavayi (Metapanax d.)*	五加科	梁王茶属
		常绿无刺灌木	

产我国西部、西南部
喜半日照，耐阴；喜冷凉至温暖；喜湿润，亦耐旱；喜酸
性土壤

1727	奥莫西 *Osmoxylum lineare*	五加科	奥莫西属
		常绿灌木	

产亚洲热带
喜光；喜高温湿润

摄于新加坡

1728 锡兰叶下珠（番樱桃叶下珠）

Phyllanthus myrtifolius

大戟科	叶下珠属
常绿灌木	

原产印度、斯里兰卡

喜光，耐半阴；喜高温，生育适温22～32℃

1729 铁仔蒲桃

Syzygium tsoongii

桃金娘科	蒲桃属
常绿灌木	

原产东南亚

喜光；喜高温多湿

华南珊瑚树（法国冬青、珊瑚树、旱禾树） 忍冬科 荚蒾属

Viburnum odoratissimum (*V. awabuki, V. o.* var. *o.*) 常绿灌木

原产中国、印度、菲律宾、日本

喜光，稍耐阴；喜温暖至高温，生育适温20～30℃

观赏篱植及造型植物

| 1731 | **糯米条**（茶条树） | 忍冬科 | 六道木属 |
| | *Abelia chinensis（A. rupestris）* | 落叶灌木 | |

原产我国长江流域及以南

喜光，亦耐阴；喜温暖，较耐寒；喜湿润，耐干旱瘠薄

| 1732 | **金钟花**（细叶连翘、迎春条、黄金条） | 木樨科 | 连翘属 |
| | *Forsythia viridissima* | 落叶灌木 | |

原产我国长江中下游各地

喜光，稍耐阴；喜冷凉，生育适温10～22℃；耐干旱瘠薄

重瓣棣棠（重瓣黄度梅）

Kerria japonica var. *pleniflora* (*K. j.* 'P.')

蔷薇科　　棣棠属

落叶丛生灌木

产日本和我国中部

喜半日照；喜温暖湿润，生育适温15～25℃

1734

黄花灌状委陵菜

Potentilla fruticosa 'Goldfinger'

蔷薇科　　委陵菜属

灌木

原种广布北温带

喜光；喜温暖湿润

观赏篱植及造型植物

1735 白花灌状委陵菜

Potentilla fruticosa 'Mckay's White'

蔷薇科	委陵菜属
灌木	

原种广布北温带
喜光；喜温暖湿润

1736 安地水梅（安地倒吊笔）

Wrightia antidysenterica

夹竹桃科	倒吊笔属
常绿灌木	

原产斯里兰卡
喜光；喜暖热至高温；喜湿润，耐旱

1737	**花叶安地水梅**（花叶安地倒吊笔）	夹竹桃科	倒吊笔属
	Wrightia antidysenterica 'Variegata'	落叶灌木	

原产斯里兰卡

喜光，亦耐阴；喜高温湿润

1738	**水梅**（小倒吊笔）	夹竹桃科	倒吊笔属
	Wrightia religiosa　　　　（*W. fruticosa*）	落叶灌木	

原产泰国、马来西亚

喜光，亦耐阴；喜高温湿润

| 1739 | 花叶水梅（花叶倒吊笔） | 夹竹桃科　倒吊笔属 |
| | *Wrightia religiosa* 'Variegata' (*W. fruticosa* 'Variegata'') | 常绿灌木 |

原产泰国、马来西亚
喜光，亦耐阴；喜高温湿润

| 1740 | 海滨合欢 | 含羞草科　金合欢属 |
| | *Acacia spinosa* | 常绿小乔木 |

原产美洲热带
喜光；喜高温湿润；耐旱

1741	红果小檗 *Berberis nummularia*	小檗科	小檗属
		落叶灌木	

我国产新疆及西北各地
喜光；喜冷凉；耐旱

1742	紫叶小檗（红叶小檗） *Berberis thunbergii* 'Atropurpurea' (*B. th.* var. *a.*)	小檗科	小檗属
		落叶小灌木	

原种产日本
喜光，略耐阴；喜温暖湿润，生
育适温15～26℃，耐寒；耐旱

1743

红叶小檗（日本小檗、小檗）
Beberis thunbergii 'Bagatelle'

小檗科　　小檗属
落叶带刺灌木

原产日本
喜光，略耐阴；喜温暖湿润，生育适温
15～26℃，耐寒；耐旱

1744

云南假虎刺（假虎刺）
Carissa spinarum

夹竹桃科　　假虎刺属
常绿灌木

产我国云南中部、东南部、南部
喜光；喜温暖至高温，生育适温20～30℃；耐干旱瘠薄

21

1745	**黄泡**（悬钩子） *Rubus obcordatus*（*R. ellipticus* var. *o.*）	蔷薇科	悬钩子属
		落叶小灌木	

分布于我国西南

喜光；喜温暖湿润亦耐旱

1746	**窄叶火棘**（狭叶火棘） *Pyracantha angustifolia*	蔷薇科	火棘属
		常绿灌木	

产我国黄河流域以南及西南

喜光；喜温暖，生育适温20～30℃；较耐干旱瘠薄

1747	花叶火棘（小丑火棘）	蔷薇科	火棘属
	Pyracantha fortuneana 'Variegalis' (*P. f.* 'Har lequin')	常绿灌木	

栽培品种，引自日本
喜光；喜温暖湿润

1748	薄叶火棘	蔷薇科	火棘属
	Pyracantha rogersiana	常绿灌木	

产我国西南及中部
喜光；喜温暖，生育适温20～30℃；较耐干旱瘠薄

| 1749 | 马鞍叶羊蹄甲（夜关门）
Bauhinia brachycarpa (*B. b.* var. *densiflora, B. faberi*) | 苏木科 | 羊蹄甲属 |
| | | 常绿灌木 | |

原产我国南部、西南部

喜光；喜温暖；耐旱

| 1750 | 日本贴梗海棠（倭海棠、日本木瓜）
Chaenomeles japonica | 蔷薇科 | 木瓜属 |
| | | 落叶矮灌木 | |

原产日本

喜光，不耐阴；喜温暖湿润，较耐寒，生长适温15～25℃；耐旱

24

1751	粉叶栒子 *Cotoneaster glaucophyllus*	蔷薇科	栒子属
		半常绿灌木	

分布我国四川、贵州、云南和广西

喜光；喜温暖湿润；耐旱

1752	金弹子（乌柿、瓶兰花） *Diospyros cathayensis*（*D. armata*）	柿树科	柿树属
		半落叶灌木	

原产我国，广布华中、华南

喜光，较耐阴；喜冷凉至温暖，生育适温15～25℃；耐旱

1753	红珠柿	柿树科	柿树属
	Diospyros kaki 'Amabigua'	常绿小乔木	

原种产中国

喜光；喜温暖，耐高温，生育适温18～28℃

1754	对节白蜡（湖北梣、梣）	木樨科	白蜡树属
	Fraxinus hupehensis	落叶灌木或乔木	

我国湖北特有

喜光，亦耐阴；喜冷凉至温暖，生育适温
12～18℃；耐干旱瘠薄；耐修剪

26

1755	**檵木**（檵花、桎木） *Loropetalum chinense*	金缕梅科	檵木属
		常绿或半常绿灌木至小乔木	

产我国长江中下游以南地区

喜光，耐半阴；喜温暖至冷凉，生育适温
15～25℃

1756	**五针松**（日本五针松、姬小松） *Pinus parviflora*	松科	松属
		常绿灌木或小乔木	

原产英国，后传入日本及中国

喜光，稍耐阴；喜温暖湿润；耐旱

1757	大矢车菊（美洲矢车菊）	菊科	矢车菊属
	Centaurea americana	一、二年生花卉	

原产北美南部

喜光；喜冷凉，生育适温15～20℃

1758	石竹梅（美人草）	石竹科	石竹属
	Dianthus latifolius	一、二年生花卉	

原种产欧洲、亚洲

喜光，不耐阴；喜温暖，生育适温15～25℃；耐旱

一、二年生花卉

1759	矢车菊（蓝芙蓉）	菊科	矢车菊属
	Centaurea cyanus	一、二年生花卉	

原产欧洲东南部

喜光；喜冷凉，生育适温15～20℃

1760	黄晶菊（黄水晶、春俏菊）	菊科	茼蒿属
	Chrysanthemum multicaule	一、二年生花卉	

产阿尔及利亚

喜光；喜温暖，生育适温15～25℃

1761	白晶菊（白水晶、晶晶菊、雪地菊、黄心菊）	菊科	茼蒿属
	Chrysanthemum paludosum	一、二年生花卉	

原产北非及西班牙
喜光；喜温暖，生育适温15～20℃

1762	千瓣葵（千花葵、重瓣向日葵）	菊科	向日葵属
	Helianthus annuus 'Californicus' (*H. decapetalus*)	一、二年生花卉	

原种产北美
喜光；喜温暖至高温，生育适温15～35℃；耐旱

| 1763 | **羽扇豆**
Lupinus micanthus | 蝶形花科 | 羽扇豆属 |
| | | 一、二年生花卉 | |

原产地中海地区
喜光；喜冷凉至温暖，生育适温15～25℃

| 1764 | **猴面花**（龙头花、沟酸浆）
Mimulus hybridus | 玄参科 | 沟酸浆属 |
| | | 一、二年生花卉 | |

亲本原产智利
喜光；喜冷凉至温暖，生育适温15～22℃

| 1765 | **福禄考**（草夹竹桃、福禄花、小天蓝绣球）
Phlox drummondii | 花葱科　　福禄考属
一、二年生花卉 |

原产北美

喜光；喜温暖，生育适温10～25℃；不耐旱

| 1766 | **龙面花**（耐美西亚）
Nemesia strumosa | 玄参科　　龙面花属
一、二年生花卉 |

原产南非

喜光；喜冷凉至温暖，生育适温15～22℃

上海家庭园艺花展一景

1767	大花虞美人（东方罂粟） *Papaver orientale* (*P. somniferum*)	罂粟科　　罂粟属 一、二年生花卉

原产欧洲

喜光；喜冷凉，生育适温5～20℃

1768	小报春 *Primula forbesii*	报春花科　　报春花属 一、二年生花卉

产我国云南

喜光；喜温暖湿润

1769	**藿香蓟**（胜红蓟）	菊科	藿香蓟属
	Ageratum conyzoides	一、二年生花卉	

原产美洲热带

喜光；喜温暖至高温；生育适温15～30℃

1770	**大花藿香蓟**（紫花藿香蓟、熊耳草）	菊科	藿香蓟属
	Ageratum houstonianum	一、二年生花卉	

原产美洲热带

喜光；喜温暖至高温，生育适温15～30℃

重瓣紫罗兰
Matthiola hybrida

十字花科　　紫罗兰属
一、二年生花卉

夏
花

原产欧洲地中海沿岸

喜光，稍耐半阴；喜冷凉，能耐短暂的－5℃低温，生育适温
10～25℃；喜中性或微酸性土壤

1772 紫罗兰（草紫罗兰、草桂花）
Matthiola incana

十字花科　　紫罗兰属
一、二年生花卉

原产欧洲地中海沿岸
喜光，稍耐半阴；喜冷凉，能耐短暂的 − 5℃低
温，生育适温10～25℃；喜中性或微酸性土壤

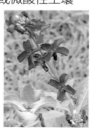

1773 香锦葵
Malva moschata

锦葵科　　锦葵属
亚灌木

产欧洲
喜光；喜冷凉至温暖

1774	观赏向日葵（美丽向日葵）	菊　科	向日葵属
	Helianthus annuus 'Music Box'	一年生花卉	

原产北美

喜光，不耐阴；喜温暖至高温，生育适温15～35℃；耐干旱，瘠薄

1775	重瓣玻璃翠	凤仙花科	凤仙花属
	Impatiens holstii cv.	一年生花卉	

原种产非洲

喜光；喜温暖至高温；喜湿润

1776	**斑叶重瓣凤仙** *Impatiens holstii* 'Variegata'	凤仙花科	凤仙花属
		一年生花卉	

原种产非洲

喜光；喜温暖湿润

1777	**三月花葵**（粉花葵、裂叶花葵） *Lavatera trimestris* 'Pink Beaury'	锦葵科	花葵属
		亚灌木	

原产地中海沿岸

喜光；喜温暖湿润，生育适温18～26℃

1778	**醉蝶花**（西洋白菜花、蜘蛛花、凤蝶草、西洋白花茶）	白花菜科	醉蝶花属
	Cleome spinosa（C. hassleriana）	一年生花卉	

原产美洲热带，西印度群岛至北美

喜光；喜温暖至高温，生育适温15～35℃；耐旱

1779	**美国石竹**（须苞石竹、五彩石竹、十样锦、石竹梅）	石竹科	石竹属
	Dianthus barbatus	一年生花卉	

原产欧洲、亚洲和美国

喜光，不耐阴；喜温暖，生育适温15～25℃；耐干旱瘠薄，喜含石灰质土壤

| 1780 | 蓬蒿菊（木茼蒿菊、茼蒿菊） | 菊科 | 木茼蒿属 |
| | *Argyranthemum frutescens* (*Chrysanthemum f.*) | 亚灌木 | |

原产加拿列岛

喜光，亦耐阴；喜温暖，生育适温15～22℃，越冬6℃以上

| 1781 | 三色菊（花环菊、皇冠菊、孔雀菊） | 菊科 | 茼蒿属 |
| | *Chrysanthemum carinatum* | 一、二年生花卉 | |

原产摩洛哥

喜光；喜温暖，耐寒，生育适温15～25℃

40

| 1782 | 二月兰（诸葛菜、蒠菜） | 十字花科 | 诸葛菜属 |
| | *Orychophragmus violaceus* | 一年生花卉 | |

原产我国北部和东部

喜光，耐阴；喜温暖湿润，耐寒，生育适温
12～20℃；耐旱

| 1783 | 巴克福禄考 | 花葱科 | 福禄考属 |
| | *Phlox carolina* 'Bill Baker' | 多一年生栽培花卉 | |

原产北美

喜光；喜温暖湿润，生育适温10～25℃

1784	**锥花福禄考**（天蓝绣球） *Phlox paniculata*	花葱科 福禄考属
		多一年生栽培

原产北美，我国各地广泛栽培
喜光；喜温暖湿润，生育适温10～25℃

1785	**粉锥花福禄考** *Phlax paniculata* 'Eva Culam'	花葱科 福禄考属
		多一年生栽培

原种产北美
喜光；喜温暖湿润

| 1786 | 矮雪轮（大蔓樱草） | 石竹科 | 蝇子草属 |
| | *Silene pendula* | 一年生花卉 | |

原产地中海地区

喜光；喜温暖湿润，生育适温15～25℃

| 1787 | 桂圆菊（金钮扣、千里眼、铁拳头、六神草、千日菊、斑花草） | 菊 科 | 桂圆菊属 |
| | *Spilanthes acinella* (*S. oleracea* 'Peek Ar Boo', *S. o.*) | 一年生花卉 | |

原产亚洲热带

喜光；喜温暖至高温，不耐寒

1788	**万寿菊**（臭芙蓉、蜂窝菊）	菊科	万寿菊属
	Tagetes erecta	一年生花卉	

原产墨西哥

喜光耐半阴；喜温暖至高温，生育适温
15～30℃；较耐旱

1789	**重瓣小万寿菊**	菊科	万寿菊属
	Tagetes 'Flore-pleno'	一年生花卉	

栽培品种

喜光，耐半阴；喜温暖至高温

一、二年生花卉

1790	小万寿菊	菊科	万寿菊属
	Tagetes micrantha (T. tenuifolia)	一年生花卉	

原产墨西哥

喜光，耐半阴；喜温暖至高温，生育适温
10～30℃；较耐旱

夏

花

1791	孔雀草（红黄草、小万寿菊）	菊科	万寿菊属
	Tagetes patula	一年生花卉	

原产墨西哥

喜光，耐半阴；喜温暖湿润，生育适温20～25℃；耐旱

1792	夏堇（蓝猪耳、蓝翅蝴蝶草、花公草）	玄参科	蝴蝶草属
	Torenia fournieri	一年生花卉	

原产越南

喜光，耐半阴；喜高温湿润，生育适温15～30℃；耐旱

一
、
二
年
生
花
卉

1793	红花夏堇	玄参科	蝴蝶草属
	Torenia fournieri 'Pink Flower'	一年生花卉	

原产越南

喜光，耐半阴；喜高温湿润，生育适温15～30℃；耐旱

| 1794 | 小百日草（小百日菊、墨西哥百日菊）
Zinnia angustifolia | 菊科 | 百日草属 |
| | | 一年生花卉 | |

原产墨西哥和美国东南部

喜光；喜温暖至高温，生育适温18～30℃

| 1795 | 百日草（步步高、百日菊、节节高、对叶菊）
Zinnia elegans | 菊科 | 百日草属 |
| | | 一年生花卉 | |

原产南美洲、墨西哥

喜光；喜温暖至高温，生育适温18～25℃；不
耐干旱瘠薄

1796	**长尾苋**（尾穗苋、垂鞭绣绒球、老枪谷）	苋科	苋属
	Amaranthus caudatus	一年生花卉	

原产中南亚热区，世界广泛栽培
喜光；喜高温高湿，生育适温20～30℃；耐旱

1797	**红火炬苋**（繁穗苋）	苋科	苋属
	Amaranthus paniculatus（*A. cruentus*）	一年生草本	

原产中南亚热带
喜光；喜温暖湿润

一
、
二
年
生
花
卉

1798	**青葙**（野苋、野鸡冠花） *Celosia argentea*	苋科	鸡冠花属
		一年生花卉	

原产非洲热带，我国各地野生
喜光；喜高温，生育适温25～35℃，越冬10℃左右

1799	**鸡冠花**（红鸡冠、鸡公花、鸡冠） *Celosia cristata*（*C. argentea* var. *c.*）	苋科	鸡冠花属
		一年生花卉	

原产亚洲热带
喜光；喜高温，生育适温20～25℃；较耐旱

1800	**头状鸡冠花**（圆绒鸡冠、绒球鸡冠）	苋科	鸡冠花属
	Celosia cristata 'Chidsii' (*C. cr.* f. *ch.*)	一年生花卉	

原产亚洲热带

喜光；喜高温，生育适温20～25℃；较耐旱

一、二年生花卉

| 1801 | 紫叶鸡冠花 | 苋科 | 鸡冠花属 |
| | *Celosia cristata* 'Pupurea' (*Cecr.* f. *pupurea*) | 一年生花卉 | |

原种产亚洲热带

喜光；喜高温，生育适温20～25℃；较耐旱

| 1802 | 凤尾鸡冠花（羽毛鸡冠花） | 苋科 | 鸡冠花属 |
| | *Celosia cristata* 'Plumosa' (*C. argentea* var. *p.*) | 一年生花卉 | |

原产亚洲热带

喜光；喜高温，生育适温20～25℃；较耐旱

| 1803 | 欧洲野苋 | 苋科 | 鸡冠花属 |
| | *Celosia* sp. | 一年生花卉 | |

原产欧洲
喜光；喜温暖湿润

| 1804 | 波斯菊（秋英、大波斯菊） | 菊科 | 波斯菊属 |
| | *Cosmos bipinnatus* (*C. bipinnata*) | 一年生花卉 | |

原产墨西哥及南美
喜光；喜温暖，生育适温15～25℃；耐干旱瘠薄

小菊（野菊）

Chrysanthemum indicum (Dendranthema i.)

原产印度

喜光；喜温暖湿润，生育适温16～20℃

1806	**白花波斯菊** *Cosmos bipinnatus* 'Albiflorus' (*C. b.* var. *a.*)	菊科	波斯菊属
		一年生花卉	

原种产墨西哥及南美

喜光；喜温暖，生育适温15～25℃；耐干旱瘠薄

1807	**卷叶波斯菊**（海螺波斯菊） *Cosmos bipinnatus* 'Sea Shells'	菊科	波斯菊属
		一年生花卉	

原种产墨西哥

喜光；喜温暖，生育适温15～25℃；耐干旱瘠薄

1808	硫华菊（黄波斯菊、硫磺菊、黄芙蓉）	菊科	波斯菊属
	Cosmos sulphureus	一年生花卉	

原产墨西哥、巴西
喜光；喜温暖至高温，生育适温10～30℃；耐干旱瘠薄

1809	白蕾丝（翠珠花）	伞形科	蕾丝属
	Didiscus caeruleus	一年生花卉	

栽培种
喜光；喜温暖至高温，最适温度5～25℃

1810	**大叶凤仙花** *Impatiens apalophylla*	凤仙花科　凤仙花属 一年生花卉

产我国西南

喜半阴；喜温暖湿润；不耐旱

1811	**杂交凤仙花** *Impatiens hybrida*	凤仙花科　凤仙花属 多作一年生栽培

杂交种

喜半阴；喜温暖湿润；不耐旱

| 1812 | 冰岛虞美人 (冰岛罂粟、北极虞美人、舞草) | 罂粟科 | 罂粟属 |
| | *Papaver croceum* (*P. nudicaule*) | 多作一年生栽培 | |

原产北极

喜光；喜冷凉，生育适温5～20℃；忌湿涝

| 1813 | 重瓣冰岛虞美人 | 罂粟科 | 罂粟属 |
| | *Papaver croceum* cv. (*P. nudicaule* cv.) | 多作一年生栽培 | |

栽培品种，原产西伯利亚地区

喜光；喜冷凉，生育适温5～19℃

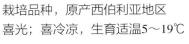

1814	肿柄菊（伪向日葵、墨西哥向日葵）	菊科	肿柄菊属
	Tithonia diversifolia	一年生花卉	

原产墨西哥、中美洲

喜光；喜温暖至高温，生育适温20～28℃

1815	甘蓝	十字花科	芸苔属
	Brassica oleracea	一年生花卉	

原产欧洲和北美

喜光；喜湿润肥沃的土壤

1816	宝塔花椰菜 （富贵菜、珊瑚菜花、黄宝菜花、菠萝塔花椰菜）	十字花科	芸苔属
	Brassica oleracea cv. (*Br. o.* var. *botrytis*)	一年生花卉	

原种产欧洲和北美

喜光；喜温暖湿润；不耐旱，不耐积水

1817	西洋花（曼迪斯西洋花）	十字花科	芸苔属
	Brassica oleracea 'Mendys'	一年生花卉	

原种产欧洲和北美

喜光；喜温暖湿润；不耐旱，不耐积水

圆叶甘蓝（彩叶甘蓝、叶牡丹、羽衣甘蓝）　　十字花科　芸薹属

Brassica oleracea var. *acephala*（*B. o.* 'A.'）　　一年生花卉

产种欧洲和北美，广泛栽培

喜阳光充足；喜冷凉，较耐寒，忌高温多湿，生长适温
15～20℃

一、二年生花卉

皱叶甘蓝（叶牡丹）		十字花科	芸苔属

1819
Brassica oleracea var. *acephala* 'Crispa' (*B. o.* 'C.')

一年生花卉

原种产欧洲和北美
喜光；喜冷凉，生长适温15～20℃

皱绿叶甘蓝	十字花科	芸苔属

1820
Brassica oleracea var. *acephala* 'Crispa Virens'
(*B. o.* 'C. V.')

一年生花卉

原种产欧洲和北美
喜光；喜冷凉，生长适温15～20℃

1821	**羽衣甘蓝**（花菜、叶牡丹、花苞菜）	十字花科	芸苔属
	Brassica oleracea var. *acephala* 'Tricolor' (*B. o.* 'T.', *B. o.* var. *a.*)	一年生花卉	

原种产欧洲和北美
喜光；喜冷凉，生育适温15～20℃；耐盐碱

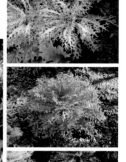

1822	**抱子甘蓝**（龙眼包心菜）	十字花科	芸苔属
	Brassica oleracea var. *gemmifera*	一年生花卉	

原种产欧洲和北美
喜光；喜温暖湿润；忌干旱，忌积水

一、二年生花卉

矮牵牛（碧冬茄、杂种撞） 茄科 矮牵牛属属

Petunia hybrida (P. violacea var. *h.*) 多作一年生栽培

冬花

杂交种，亲本原产南美

喜光，耐半阴；喜温暖，生育适温15～30℃；

喜微酸性土壤

1823

1824　**重瓣矮牵牛**
Petunia hybrida 'Flore-pleno'

茄科　　矮牵牛属
多作一、二年生栽培

原种产南美洲

喜光，耐半阴；喜温暖，生育适温15～30℃；喜微酸性土壤

| 1825 | **魔幻钟花**（舞春花、小花矮牵牛） | 茄科 | 小花矮牵牛属 |
| | *Calibrachoa hybrida* | 多作一、二年生栽培 | |

属间杂交种

喜光；喜温暖湿润，生育适温18～26℃

| 1826 | **银叶黄茼蒿菊** | 菊科 | 木茼蒿属 |
| | *Argyranthemum frutescens* var. *argyrophyllum* | 亚灌木，常作一年生栽培 | |

同黄茼蒿菊

金盏菊（金盏花、黄金盏、醒酒花）
Calendula officinalis

菊科　　金盏菊属
一、二年生花卉

原产南欧、中欧及地中海沿岸
喜光；喜温暖，生育适温15～25℃；耐瘠薄，
含石灰质土为好

一、二年生花卉

1828	**杂交石竹**（西洋石竹）	石竹科	石竹属
	Dianthus hybrida	一年生花卉	

原种产欧洲、亚洲

喜光；喜温暖；耐旱

1829	**皇帝菊**（美兰菊）	菊科	美兰菊属
	Melampodium paludosum	一年生花卉	
	（*Leucanthemum p.* 'Show Star', *Chrysanthemum p.* 'Sh. St.'）		

原种产欧洲

喜光；喜温暖湿润；稍耐旱，忌积水

洋桔梗品种群
Eustoma grandiflora Group

亲本产美洲中部和南部

喜光；喜温暖，生育适温18～30℃

一、二年生花卉

| 1831 | **地肤**（扫帚草、扫帚菜、绿帚） | 藜科 | 地肤属 |
| | *Kochia scoparia* | 一年生草本 | |

原产欧亚大陆，我国广布，日本、北非有分布
喜光，耐半阴；极耐炎热；耐干旱瘠薄，耐碱

| 1832 | **皱叶欧芹** | 伞形科 | 欧芹属 |
| | *Petrose linum* 'Crispum' | 一年生草本 | |

引自欧洲
喜半日照，耐阴；喜温暖湿润

1833	花叶烟草 *Nicotiana* 'Variegata'	茄科	烟草属
		多一年生栽培	

原种产南美

喜光；喜温暖湿润，生育适温10～25℃；不耐寒

1834	五彩椒（五色椒、樱桃椒、观赏辣椒、迷尔鹰、朝山椒） *Capsicum annum* 'Cerasiforme' (*Ca. a.* var. *ce., Ca. frutescens* var. *ce.*)	茄科	辣椒属
		多作一年生栽培	

原产南美

喜光；喜温暖或高温，生育适温15～30℃

一、二年生花卉

1835	朝天椒（观赏辣椒-红鹰）	茄科	辣椒属
	Capsicum annuum 'Conoides' (*Ca. a.* var. *co.*, *Ca. frutescens* var. *co.*)	一年生花卉	

原种产美洲热带

喜光；喜温暖至高温，生育适温15～30℃

1836	长果朝天椒	茄科	辣椒属
	Capsicum annuum 'Fiesta' (*Ca. a.* var. *fi*, *Ca. frutescens* var. *fi.*)	一年生花卉	

原种产美洲热带

喜光；喜温暖至高温，生育适温10～35℃

1837	五彩灯笼椒—紫晶	茄科	辣椒属
	Capsicum 'Callochroum' (*Cap. grossum cv.*)	一年生花卉	

原种产美洲热带

喜光；喜温暖至高温；生育适温15～35℃

1838	美国辣椒—陀铃	茄科	辣椒属
	Capsicum 'Tuo Ling'(*C.* 'Speciosa')	多年生花卉，作一年生栽培	

原种产美洲

喜温暖湿润；耐旱

1839

红茄（樱桃茄、红铃、小红）

Solanum hybridum

茄科　　　　茄属

一年生花卉

亲本产美洲热带

喜光；喜温暖至高温，生育适温15～30℃

1840	**乳茄**（五指茄、牛头茄）［五代同堂］ *Solanum mammosum*	茄科	茄属
		宿根花卉	

原产南美、中美

喜光，亦耐半阴；喜温暖至高温，生育适温22～30℃

1841	**黄茄**（金蛋） *Solanum melongenum* 'Inerme' (*S. melongena* 'I.')	茄科	茄属
		一年生花卉	

原产美洲热带

喜光；喜温暖至高温，生育适温20～30℃

瑞士琉森卡佩尔花桥

一、二年生花卉

| 1842 | 玩具蛋茄（观赏蛋茄、蛋茄） | 茄科 | 茄属 |
| | *Solanum melongenum* 'Ovigerum'(*S. m.var.esculentum*) | 一年生花卉 | |

原产美洲热带

喜光；喜温暖至高温，生育适温20～30℃；不耐旱

| 1843 | 观赏粟米（鼠尾粟） | 禾本科 | 鼠尾粟属 |
| | *Sporobolus fertilis* | 一年生草本 | |

栽培种

喜光；喜温暖湿润，耐寒；耐旱

1844 白蚊子草（蚊子草）

Filipendula purpurea f. *albiflora* (*F. p. f. alba*)

薔薇科　　合叶子属
一年生草本

分布朝鲜、韩国、日本，我国产东北和华北
喜光；喜冷凉至温暖

1845 红蚊子草

Filipendula rubra 'Venusta'

薔薇科　　合叶子属
一年生草本

分布北温带
喜光；喜冷凉至温暖

1846	**野烟草**	茄科	烟草属
	Nicotiana sylvestris	一年生草本	

产南美

喜光；喜温暖湿润，生育适温10～25℃

1847	**山地罂粟**	罂粟科	罂粟属
	Papaver alpinum（P. atlanticum）	一年生花卉	

产阿尔卑斯山

喜光；喜温暖；耐旱

蓝花山萝卜
Scabiosa coerulea

川续断科　山萝卜属

一年生花卉

分布欧洲
喜光；喜温暖湿润

1849
红花山萝卜
Scabiosa rumelica (Knautia macedonica)

川续断科　山萝卜属

一年生花卉

产罗马尼亚，分布欧洲、亚洲及非洲
喜光；喜温暖湿润

一、二年生花卉

1850 海石竹（红宝石）
Armeria maritima

蓝雪科　海石竹属
丛生状宿根花卉

产欧洲及美洲
喜光；喜温暖湿润，生育适温15～25℃；喜微酸性土壤

1851 聚花风铃草
Campanula glomerata

桔梗科　风铃草属
宿根花卉

产我国东北、西北和内蒙古地区
喜光；喜冷凉至温暖

插图：拉祜高跷（竹艺）

79

| 1852 | **桂竹香**（香紫罗兰、黄紫罗兰） | 十字花科 | 桂竹香属 |
| | *Cheiranthus cheiri* | 宿根花卉 | |

原产欧洲南部、马德拉群岛、加那利群岛至喜马拉雅一带

喜光；喜冷凉湿润，生长适温10～25℃，越冬－5℃

1853	**蓝目菊**（白蓝菊、非洲雏菊、非洲金盏、雨菊）	菊科	异果菊属
	Dimorphotheca pluvialis	宿根花卉	
	(*D. p.* var. *ringens, Arctoris stoechadifolia* var. *grandis*)		

原产南非

喜光；喜冷凉至温暖，生育适温10～20℃

瓜叶菊（富贵菊）

1854

Cineraria hybrida

(*Pericallis h., Senecio hybridus, Ci. cruenta, S. cruentus*)

菊科	瓜叶菊属
宿根花卉	

原产加那利群岛

喜光或半日照；喜凉爽至温暖，生育适温5～25℃，耐0℃低温

1855	细叶君子兰 *Clivia gardenii*	石蒜科　君子兰属
		常绿宿根花卉

原产南非

喜半日照，亦耐阴；喜温暖，生育适温15～25℃，越冬15℃以上；忌干旱

1856	君子兰（大花君子兰、达木兰） *Clivia miniata*	石蒜科　君子兰属
		常绿宿根花卉

原产南非

喜半日照，亦耐阴；喜温暖，生育适温15～25℃，越冬15℃以上；忌干旱

宿

根

花

卉

| 1857 | 垂笑君子兰（美丽君子兰） | 石蒜科 | 君子兰属 |
| | *Clivia nobilis* | 常绿宿根花卉 | |

原产南非好望角

喜半日照，亦耐阴；喜温暖，生育适温15～25℃，越冬15℃以上；忌积水，忌干旱

| 1858 | 勋章菊（勋章花） | 菊科 | 勋章菊属 |
| | *Gazania splendens（G. rigens）* | 宿根花卉 | |

原产南非

喜光；喜温暖，生育适温10～25℃；耐旱

花菱草（金英花、加州罂粟、人参花、金英华）
Eschscholzia californica

罂粟科　　花菱草属

宿根花卉

原产美国加利福尼亚州

喜光；喜冷凉干燥，生育适温5～20℃；耐干旱瘠薄

宿

根

花

卉

南京杜鹃花展一角

1860 尖叶铁筷子（欧洲雪莲）

Helleborus argutifolius (H. corsicus, H. lividus ssp. c.)

毛茛科　　铁筷子属

宿根花卉

分布欧洲

喜光，耐半阴；喜温暖湿润，生育适温16～25℃

1861 欧洲铁筷子（欧洲雪莲）[欧洲之星]

Helleborus orientalis.

毛茛科　　铁筷子属

宿根花卉

分布欧洲

喜光，耐半阴；喜温暖湿润

1862	**绿花铁筷子**（欧洲雪莲）	毛茛科	铁筷子属
	Helleborus viridis	宿根花卉	

分布欧洲

喜光，耐半阴；喜温暖湿润，生育适温16～25℃

1863	**蝴蝶花**（日本鸢尾、花公草）	鸢尾科	鸢尾属
	Iris japonica（*I. chinensis, I. fimbriata*）	宿根花卉	

原产中国、日本、韩国

喜半阴，亦耐阴；喜温暖，生育适温15～28℃；喜水
湿，亦耐旱；喜微酸性土壤

| 1864 | 马蔺（马兰、紫蓝草、马莲、蠡实） | 鸢尾科 | 鸢尾属 |

Iris lactea var. *chinensis* (*I. pallasii* var. *ch., I. ensata*) 宿根花卉

原产我国北部和朝鲜
喜光；喜冷凉至温暖；喜湿润，稍耐旱

| 1865 | 白花马蔺 | 鸢尾科 | 鸢尾属 |

Iris lactea var. *pall.* 多年生草本

主产我国西北
喜光；喜冷凉至温暖；耐干旱瘠薄；耐盐碱

宿

根

花

卉

| 1866 | 半边莲（六倍利、翠蝶花、山梗菜）
Lobelia erinus (*L. heterophylla*, *L. chinensis*) | 山梗菜科 | 半边莲属 |
| | | 宿根花卉 | |

原产东亚
喜光；喜温暖，生育适温20～28℃

| 1867 | 香雪球（小白花）
Lobularia maritima (*Alyssum maritimum*) | 十字花科 | 香雪球属 |
| | | 宿根花卉 | |

原产地中海沿岸，世界广泛栽培
喜阳光，稍耐阴；喜冷凉干燥，生育适温8～20℃；耐
干旱瘠薄；耐海边盐碱

| 1868 | **巴西鸢尾**（新泽仙花、美丽鸢尾、马蝶花） | 鸢尾科 | 巴西鸢尾属 |
| | *Neomarica gracilis* | 宿根花卉 | |

原产墨西哥和巴西

喜半阴，亦耐阴；喜高温湿润，生育适温20～28℃

| 1869 | **长叶巴西鸢尾** | 鸢尾科 | 巴西鸢尾属 |
| | *Neomaria longifolia* | 宿根花卉 | |

原产西非和南美

喜半阴；喜高温湿润

1870	五星花（繁星花） *Pentas lanceolata*	茜草科　　五星花属
		宿根花卉

原产中东及非洲热带

喜光；喜高温，生育适温20～30℃，越冬10℃以上；耐旱

1871～1873	五星花品种群 *Pentas lance olate* Group	茜草科　五星花属
		宿根花卉

原产中东及非洲热带

喜光；喜高温，生育适温20～30℃，越冬10℃以上；耐旱

粉五星花 *P. l.* 'Carnea' (*P. l.* 'Candy Stripe')

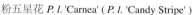

紫五星花*P. l.* 'Light Purple'　　红五星花*P. l.* 'Coccinea' (*P. l.* var. c.)

宿

根

花

卉

90

西洋报春（多花报春、西洋樱草）

Primula polyantha (P. acaulis、 P. variabilis)

报春花科　　报春花属

宿根花卉

杂交种

喜光，亦耐半阴；喜冷凉至温暖，生育适温10～20℃；忌干燥

1875 **杂交耧斗菜**（西洋耧斗菜、欧耧斗菜） 毛茛科 耧斗菜属

Aquilegia hybrida 宿根花卉

是加拿大耧斗菜与黄花耧斗菜的杂交种

喜半阴；耐寒，生育适温15～22℃

1876 **紫扇花**（蓝扇花） 草海桐科 草海桐属

Scaevola aemula 宿根花卉

原产澳大利亚

喜光；喜温暖湿润，生育适温18～26℃；喜沙质壤土

1877 白扇花
Scaevola 'Alba'

草海桐科　　草海桐属
宿根花卉

原种产澳大利亚
喜光；喜温暖湿润，生育适温18～26℃；喜沙质壤土

1878 高雪轮（美人草、大蔓樱草、扑虫瞿麦）
Silene armeria

石竹科　　蝇 子草属
宿根花卉

原产欧洲中南部
喜光；喜温暖，生育适温15～25℃；耐旱

金鱼草（龙头草、龙口花、龙头花、洋彩雀）

Antirrhinum majus

玄参科　金鱼草属

宿根花卉

原产地中海及北非

喜光；喜冷凉至温暖，生育适温10～25℃

1880 **箭叶秋葵**（五指山参、红花马宁）

Abelmoschus sagittifolius

| 锦葵科 | 秋葵属 |
| 宿根花卉 | |

产我国西南、东南亚及澳大利亚

喜光；喜温暖湿润，生育适温20～28℃

1881 **香彩雀**（天使花）

Angelonia salicariifolia（*A. angustifolia*）

| 玄参科 | 香彩雀属 |
| 宿根花卉 | |

原产南美

喜光；喜温暖湿润，耐酷热，生育适温18～28℃

1882

新西兰百合
Arthropodium cirrhatum

百合科	新西兰百合属
宿根花卉	

原产新西兰、澳大利亚
喜光；喜温暖湿润

1883

白花落新妇
Astilbe 'Irrlicht'(*A. arendsii*)

虎耳草科	落新妇属
宿根花卉	

杂交种
喜光；喜温暖至冷凉

1884	粉花落新妇	虎耳草科	落新妇属
	Astilbe 'Venus' (*A. arendsii*)		宿根花卉

杂交种
喜光；喜温暖至冷凉

1885	白可花	玄参科	假马齿苋属
	Bacopa diffusus		宿根花卉

分布亚热带地区
喜光；喜温暖湿润

1886	**射干**（扁竹兰、金交剪草、野萱草）	鸢尾科	射干属
	Belamcanda chinensis	宿根花卉	

原产我国、日本、印度、越南、韩国、朝鲜、俄罗斯
喜光，耐半阴；喜温暖湿润，生育适温15～28℃

1887	**雏菊**（延命菊、春菊、太阳菊）	菊科	雏菊属
	Bellis perennis	宿根矮小花卉	

原产西欧
喜光，亦耐半阴；喜冷凉，生育适温5～15℃，可耐3～4℃低温

1888	欧洲翠菊	菊科	翠菊属
	Callistephus chinensis 'Milady Series'	一年生花卉	

原种产中国
喜光；喜温暖湿润，生育适温15～25℃

1889	东欧风铃草	桔梗科	风铃草属
	Campanula carpatica	宿根花卉	

产欧洲
喜光；喜温暖湿润

1890	**宽叶风铃草**	桔梗科	风铃草属
	Campanula latifolia	宿根花卉	

产亚洲

喜光；喜温暖湿润

1891	**杂种岩蔷薇**	半日花科	岩蔷薇属
	Cistus×cyprius	宿根花卉	

产欧洲

喜光；喜温暖湿润

| 1892 | **风铃草**（钟花、瓦筒花） | 桔梗科 | 风铃草属 |
| | *Campanula medium* | 宿根花卉 | |

原产南欧

喜光；喜温暖，生育适温10～25℃

| 1893 | **田旋花**（箭叶旋花） | 旋花科 | 旋花属 |
| | *Convolvulus arvensis* | 多年生草本 | |

中国广布

喜光；喜温暖湿润；耐干旱瘠薄

1894	**大金鸡菊**（狭叶金鸡菊）	菊科	金鸡菊属
	Coreopsis lanceolata	宿根花卉	

原产北美洲
喜光稍耐阴；喜温暖湿润，生育适温18～26℃；耐干旱瘠薄

1895	**大花金鸡菊** （重瓣金鸡菊、金鸡菊、剑叶金鸡菊、黄菊） *Coreopsis lanceolata* 'Plena' （*C. l.* var. *flore-plena, C. grandiflorum, C. basaris*）	菊科	金鸡菊属
		宿根花卉	

原产美国中部和东南部
喜光，稍耐阴；喜温暖湿润，生育适温18～26℃；耐干旱瘠薄

宿

根

花

卉

大花翠雀花（杂交翠雀花、大花飞燕草）
Delphinium hybridum（D. cultorum）

毛茛科　　翠雀属

宿根花卉

夏花

杂交种

喜光，耐半阴；喜冷凉至温暖，生育适温15～25℃

103

| 1897 | 瞿麦（山瞿麦、剪绒花） | 石竹科 | 石竹属 |
| | *Dianthus superbus* | 宿根花卉 | |

原产欧洲及亚洲温带

喜光；喜冷凉至温暖，生育适温5～10℃；喜干燥

| 1898 | 松果菊（紫松果菊、紫锥花） | 菊科 | 紫松果菊属 |
| | *Echinacea purpurea* | 宿根花卉 | |

原产北美

喜光，稍耐阴；喜温暖湿润，生育适温
18～28℃；耐旱

| 1899 | **大刺芹**
Eryngium giganteum | 伞形科 | 刺芹属 |
| | | 宿根花卉 | |

产欧洲东部、亚洲
喜光；喜温暖湿润；耐旱

| 1900 | **蓝刺芹**
Eryngium oliverianum (E. alpinum x E. giganteum) | 伞形科 | 刺芹属 |
| | | 宿根花卉 | |

原种产欧洲
喜光；喜温暖湿润；耐旱

1901	多叶刺芹 *Eryngium variifolium*	伞形科	刺芹属
		宿根花卉	

产摩洛哥
喜光；喜温暖湿润；耐旱

宿
根
花
卉

1902	芒兰 *Eucomis comosa*	百合科	芒兰属
		宿根草本	

原产南非
喜光；耐半阴；喜温暖，不耐寒；耐旱

| 1903 | 银边翠（高山积雪、冰河）
Euphorbia marginata | 大戟科 | 大戟属 |
| | | 宿根花卉 | |

原产北美洲

喜光；不耐阴；喜温暖，生育适温15～25℃；耐旱

| 1904 | 大吴风草
Farfugium japonicum | 菊科 | 大吴风草属 |
| | | 多年生草本 | |

分布我国东部各省及沿海岛屿，朝鲜半岛、日本也有

喜光，极耐阴；喜温暖湿润；耐水湿

原种产南非

喜光；喜温暖湿润

宿

根

花

卉

金太阳G. 'Jin Tai Yang' (G. 'Jintaiyang')　　　爱神G. 'Veneris'(G. 'Ai Shen')

蜜糖G. 'Mi Tang'(G. 'Mitang')　　　香槟G. 'Xiang Bin' (G. 'Xiangbin')

热带草原G. 'Re Dai Cao Yuan' (G. 'Redaicaoyuan')　　　阳光海岸G. 'Yang Guang Hai An'(G. 'Yangguanghaian')

| 1911 | **天人菊**（虎皮菊、宿根天人菊、六月菊） | 菊科 | 天人菊属 |
| | *Gaillardia pulchella(G. aristata, G. grandiflora)* | 宿根花卉 | |

原产北美

喜光；喜温暖湿润，生长适温10～25℃；耐旱

| 1912 | **宽叶香豌豆**（宿根香豌豆） | 蝶形花科 | 香豌豆属 |
| | *Lathyrus latifolius* | 宿根花卉 | |

原产欧洲

喜光，稍耐阴；喜温暖；不耐干旱瘠薄

| 1913 | 大花萱草（美国萱草）
Hemerocallis hybrida | 百合科 | 萱草属 |
| | | 宿根花卉 | |

杂交种

喜光，亦耐半阴；喜温暖至高温，生育适温15～28℃，越冬10℃以上

| 1914 | 重瓣萱草（千叶萱草、重瓣忘萱草）
Hemerocallis fulva var. *kwanso* | 百合科 | 萱草属 |
| | | 宿根花卉 | |

原产中国、日本

喜光，耐半阴；喜温暖冷凉；耐旱

| 1915 | 紫玉簪（紫萼、紫萼玉簪） | 百合科 | 玉簪属 |
| | *Hosta coerulea* (*H. ventricosa*) | 宿根花卉 | |

产中国、日本及西伯利亚

喜阴；越冬2℃以上；喜湿润；耐瘠薄和盐碱

| 1916 | 金边玉簪 | 百合科 | 玉簪属 |
| | *Hosta* 'Fortunei Aureomarginata' (*H.* 'Obscura Marginata') | 宿根花卉 | |

栽培品种

喜光，亦耐阴；喜温暖湿润

1917	玉簪（白玉簪、白鹤花、玉春棒）	百合科	玉簪属
	Hosta plantaginea	宿根花卉	

原产中国

喜阴；耐寒，生育适温12～25℃，越冬2℃以上；喜湿润；
耐瘠薄和盐碱

1918	西南鸢尾	鸢尾科	鸢尾属
	Iris bulleyana	宿根花卉	

产我国西南

喜光；亦耐阴；喜冷凉湿润

1919	**高原鸢尾** *Iris collettii*	鸢尾科	鸢尾属
		宿根花卉	

产我国西南

喜光，亦耐阴；喜冷凉湿润

夏

花

1920	**德国鸢尾**（蓝紫花） *Iris germanica*	鸢尾科	鸢尾属
		宿根花卉	

原产欧洲

喜光；喜温暖湿润，生育适温16～26℃

113

分布中国、日本、朝鲜半岛等

喜光；喜温暖湿润，不耐寒；不耐旱

宿

根

花

卉

	1927	白蝴蝶花		鸢尾科	鸢尾属

1927 **白蝴蝶花**
Iris japonica f. *pallescens*

鸢尾科　鸢尾属
常绿宿根花卉

原产中国、日本、韩国
喜半阴，耐阴；喜温暖，生育适温15～25℃；喜水湿，亦耐旱；喜
微酸性土壤

1928 **火炬花**（火把莲、火杖）
Kniphofia uvaria

百合科　火炬花属
宿根花卉

原产非洲东部和南部
喜光，亦耐半阴；喜温暖湿润，生育适温
18～26℃，耐寒

1929	**大滨菊**（大白菊）	菊科	滨菊属
	Leucanthemum maximum (Chrysanthemum m., Ch. superbum)	宿根花卉	

原产西欧

喜光；喜温暖湿润，生育适温18～25℃；稍耐旱

1930	**布氏橐吾**	菊科	橐吾属
	Ligularia przewalskii (Senecio p.)	宿根草本	

产中国

喜光，亦耐阴；喜冷凉湿润，耐寒

摄于瑞士

宿

根

花

卉

116

| 1931 | 红花半边莲（红翠蝶花、红花六倍利） | 山梗菜科 | 半边莲属 |
| | *Lobelia cardinalis* | 宿根花卉 | |

原产美国、加拿大
喜光；喜温暖至高温

| 1932 | 蓝花半边莲
（蓝翠蝶花、南非半边莲、花半边莲、六倍利） | 山梗菜科 | 半边莲属 |
| | *Lobelia erinus* 'Crystal Palace' | 宿根花卉 | |

原种产南非
喜光；喜温暖至高温

百脉根

Lotus corniculatus (Dorycnium c.)

蝶形花科　百脉根属

宿根花卉

产欧洲、亚洲、南非和大洋洲，中国广布
喜光；喜温暖湿润

多叶羽扇豆（羽扇豆、鲁冰花、多年生羽扇豆）

Lupinus polyphyllus

蝶形花科　羽扇豆属

宿根花卉

产北美西部
喜光，略耐阴；喜温暖至冷凉，生育适温15～25℃；喜微酸性至中性土壤

1935	粉冠剪秋萝	石竹科	剪秋萝属
	Lychnis coronaria (*L. coronata*)	一年生花卉	

产欧洲、日本
喜光；喜温暖湿润

1936	珍珠菜	报春花科	珍珠菜属
	Lysimachia punctata	宿根草本	

原产欧洲中部及土耳其
喜光，亦耐半阴；喜温暖湿润，稍耐寒

<table>
<tr><td>1937</td><td>**欧锦葵**（小蜀葵、钱葵）
Malva sylvestris 'Mauritiana'</td><td>锦葵科　锦葵属
宿根花卉</td></tr>
</table>

原种产亚、欧、美洲
喜光；喜冷凉至温暖，生育适温15～25℃

宿
根
花
卉

<table>
<tr><td>1938</td><td>**红花美国薄荷**（红花薄荷、美国薄荷）
Monarda 'Cambridge Scarlet'</td><td>唇形科　美国薄荷属
宿根花卉</td></tr>
</table>

原种产北美及墨西哥
喜光；喜温暖湿润，生育适温20～26℃

1939	粉花美国薄荷	唇形科	美国薄荷属
	Monarda 'Croftway Pink'(*M. didyma*)	宿根花卉	

原种产北美及墨西哥

喜光；喜温暖湿润，生育适温20～26℃

1940	玫红美国薄荷	唇形科	美国薄荷属
	Monarda 'Mahogany'(*M. didyma*)	宿根花卉	

原种产北美及墨西哥

喜光；喜温暖湿润，生育适温20～26℃

1941	钓钟柳（电灯花）	玄参科	钓钟柳属
	Penstemon cobaea	宿根花卉	

原产北美

喜光，亦耐半阴；喜温暖湿润，耐寒

宿
根
花
卉

1942	分药花	唇形科	分药花属
	Perowskia 'Blue Spire'	亚灌木	

原种产东南亚

喜光，不耐阴；喜温暖至高温，生育适温18～29℃

122

1943 **假龙头花**（随意草、如意草、芝麻花） 唇形科　假龙头花属
Physostegia virginiana 宿根花卉

原产北美
喜光，耐半阴；喜温暖湿润，生育适温18～25℃

1944 **艳斑苣苔** 苦苣苔科　树苣苔属
Kohleria bogotensis cv. 宿根花卉

分布热带、亚热带
喜光，亦耐阴；喜高温湿润

松叶牡丹（死不了、太阳花）

1945

Portulaca grandiflora

马齿苋科　　马齿苋属

一年生肉质花卉

原产南美巴西

喜光；喜高温，不耐寒，生育适温22～30℃；

耐干旱瘠薄，不耐水涝；喜砂壤土，能自播

宿

根

花

卉

124

1946	大花马齿苋（阔叶半枝莲、大花松叶牡丹、洋马齿苋）	马齿苋科	马齿苋属
	Portulaca oleracea var. *gigantes* (*p. o.* var. *granatus*)	宿根匍匐肉质花卉	

原产南美巴西
喜光；喜温暖至高温，生育适温22～30℃；喜干燥

1947	早花象牙参	姜科	象牙参属
	Roscoea cautleoides (*R. chamaelelon*)	宿根花卉	

产我国云南、西藏
喜光；喜冷凉至温暖湿润

| 1948 | **藏象牙参**
Roscoea tibetica | 姜科 | 象牙参属 |
| | | 宿根花卉 | |

产我国云南、四川、西藏
喜光；喜冷凉湿润，耐寒；不耐旱

| 1949 | **黑心菊**（黑心花、黑心金光菊、毛叶金光菊）
Rudbeckia hirta (*R. hybrida*) | 菊科 | 金光菊属 |
| | | 宿根花卉 | |

原产北美，广泛栽培
喜半日照；喜温暖至高温，生育适温15～30℃；耐旱

1950	**野生花毛茛** *Ranuncuius* sp.	毛茛科 毛茛属
		宿根花卉

我国云南南部有野生
喜光；喜温暖至高温；喜湿润，亦耐干旱瘠薄

1951	**花叶白唇**（白花鼠尾草） *Salvia coccinea* 'Alba'	唇形科 鼠尾草属
		宿根花卉

栽培品种
喜光，耐半阴；喜温暖至高温

1952 **一串蓝**（蓝花鼠尾草、深蓝鼠尾草） 唇形科　　鼠尾草属

Salvia farinacea 'Rhea' (*S. f.*) 宿根花卉

原产地中海沿岸及南欧

喜光，耐半阴；喜温暖至高温，生育适温15～30℃

1953 **格氏鼠尾草** 唇形科　　鼠尾草属

Salvia greggii 宿根花卉

原产墨西哥

喜光，耐半阴；喜温暖至高温

| 1954 | 二色鼠尾草（锦花鼠尾草）
Salvia greggii 'Bicolora' | 唇形科 | 鼠尾草属 |
| | | 宿根花卉 | |

原种产墨西哥

喜光，耐半阴；喜温暖至高温

| 1955 | 深蓝鼠尾草
Salvia guaranitica (*S. g.* 'Blue Enigma', *S. ambigens*) | 唇形科 | 鼠尾草属 |
| | | 宿根花卉 | |

原产南美

喜光；喜温暖湿润，生育适温18～28℃

1956	丛林鼠尾草—五月之夜 *Salvia nemorosa* 'Mainacht'	唇形科　　鼠尾草属
		宿根花卉

原种产南美
喜光；喜温暖湿润

1957	墨西哥鼠尾草（紫柳） *Salvia salicifolia* 'Purpurea'(*S. leucantha*)	唇形科　　鼠尾草属
		宿根花卉

原产南美
喜光；喜温暖湿润，生育适温18～26℃

1958	一串红（爆仗红、西洋红）	唇形科	鼠尾草属
	Salvia splendens	宿根花卉	

原产巴西

喜光，耐半阴；喜温暖至高温，生育适温15～30℃

1959	矮生一串红（矮串红）	唇形科	鼠尾草属
	Salvia splendens 'Nana'	宿根花卉	

原种产巴西

喜光，耐半阴；喜温暖至高温，生育适温15～30℃

131

1960	**一串白**	唇形科　　鼠尾草属
	Salvia splendens 'Alba' (*S. s.* 'White Flower')	宿根花卉

原种产巴西

喜光，耐半阴；喜温暖至高温，生育适温
15～30℃

1961	**一串紫**	唇形科　　鼠尾草属
	Salvia splendens 'Atropurpurea' (*S. horminum, S. s.* 'Purple Flower')	宿根花卉

原种产巴西

喜光，耐半阴；喜温暖至高温，生育适温
15～30℃

1962	一串粉	唇形科	鼠尾草属
	Salvia splendens 'Pink Flower'	宿根花卉	

原种产巴西
喜光，耐半阴；喜温暖至高温，生育适温15～30℃

1963	沼生鼠尾草（天蓝鼠尾草）	唇形科	鼠尾草属
	Salvia uliginosa	多年生草本	

原产巴西、乌拉圭
喜光；喜温暖至高温；喜湿润，较耐旱

| 1964 | 鸦葱 | 菊科 | 鸦葱属 |
| | *Scorzonera ruprechtiana* | 宿根花卉 | |

分布我国东北、华北各地
喜光；喜冷凉；耐旱

| 1965 | 百慕大庭菖蒲 | 鸢尾科 | 庭菖蒲属 |
| | *Sisyrinchium bermudiana* | 多年生草本 | |

原产美洲
喜光；喜温暖；耐旱

1966	小海豚花	苦苣苔科 好望角苣苔属
	Treptocarpus caulescens	宿根花卉

产南非
喜光；喜温暖湿润

摄于台湾

1967	毛蕊花	玄参科 毛蕊花属
	Verbascum 'Letitia' (*V. hybridum*)	宿根花卉

原种产欧洲至中亚
喜光；喜温暖湿润，生育适温15～22℃

| 1968 | 黑果毛蕊花
Verbascum nigrum | 玄参科 | 毛蕊花属 |
| | | 宿根花卉 | |

产欧洲

喜光；喜温暖湿润，生育适温15～22℃

| 1969 | 美女樱（草五色梅、铺地锦、五色梅、铺地马鞭草）
Verbena hybrida（*V. hortensis*） | 马鞭草科 | 马鞭草属 |
| | | 宿根花卉 | |

亲本产巴西、秘鲁、乌拉圭

喜光；喜温暖，生育适温10～25℃；不耐旱

细裂美女樱
Verbena speciosa

原产欧洲
喜光；喜温暖，生育适温18～25℃，耐热；耐旱

1971 细叶美女樱（美女樱）
Verbena tenera

马鞭草科　马鞭草属

宿根花卉

原产巴西

喜光；喜温暖湿润，生育适温10～25℃

1972 长尾婆婆纳
Veronica longifolia

玄参科　婆婆纳属

宿根花卉

产我国东北和内蒙古

喜光；喜温暖湿润；耐寒

1973	**穗花婆婆纳**	玄参科	婆婆纳属
	Veronica spicata	宿根花卉	

原产北欧和亚洲
喜光；喜温暖湿润；耐寒

1974	**荷兰菊**（荷兰紫菀、柳叶紫菀、柳叶菊）	菊科	紫菀属
	Aster novi-belgii	宿根花卉	

原产北美洲，世界广泛栽培
喜光；喜温暖，生育适温15～25℃；喜湿润，亦耐旱

菊花造型
Dendranthema Group（*Chrysanthemum* Group）

菊科　　菊属

宿根花卉

原产我国的多种野菊杂交而成
喜光；喜凉爽湿润，有一定耐寒性

宿

根

花

卉

1976	山桃草（白桃花、千鸟花、白鸟花）	柳叶菜科	山桃草属
	Gaura lindheimeri	宿根花卉	

产北美

喜光；喜凉爽及半湿润，生育适温18～26℃

1977	贵州半蒴苣苔	苦苣苔科	半蒴苣苔属
	Hemiboea cavaleriei	宿根花卉	

分布我国云南、贵州、广西，越南亦有分布

喜光；喜温暖至高温；喜湿润

宿
根
花
卉

| 1978 | **紫茉莉**（胭脂花、草茉莉、晚饭花、夕照花、地雷花、胭粉豆） | 紫茉莉科 | 紫茉莉属 |
| | *Mirabilis jalapa* | 宿根花卉 | |

原产美洲热带，我国广泛逸生

喜光，亦耐半阴；不耐寒，生育适温15～30℃

| 1979～1981 | **紫茉莉品种群** | 紫茉莉科 | 紫茉莉属 |
| | *Mirabilis jalapa* Group | 宿根花卉 | |

原产美洲热带

喜光，亦耐半阴；生育适温15～30℃

白花紫茉莉 *M. j.* 'White Flower'

复色紫茉莉 *M. j.* 'Diversicolor Flower'

黄花紫茉莉 *M. J.* 'Yellow Flower'

1982	香花烟草（花烟草）	茄科	烟草属
	Nicotiana alata	宿根花卉	

原产南美

喜光；喜温暖湿润，生育适温10～25℃；不耐寒

1983	红花烟草（烟草花、花烟草、美花烟草、烟仔花）	茄科	烟草属
	Nicotiana sanderae(*N. alata* × *N. forgetiana*)	宿根花卉	

杂交种，亲本原产南美

喜光；喜温暖湿润，生育适温10～25℃

1984	**南非雏菊**（蓝眼菊、紫轮菊） *Osteospermum jucundum*（*Dimorphotheca barbarae*）	菊科	奥斯菊属
		宿根花卉	

原产南非、斯威士兰、莱索托
喜光；喜温暖，忌高温；耐旱

1985	**流星花**（腋花同瓣花） *Laurentia axillaris*（*Isotoma a., Solenopsis a.*）	桔梗科	流星花属
		宿根花卉	

产澳大利亚
喜光，亦耐阴；喜温暖湿润，生育适温15～28℃，越冬7℃以上

一枝黄花
Solidago canadensis

1986

茄科　一枝黄花属
宿根花卉

原产北美
喜光；喜凉爽高燥，耐寒；耐瘠薄

球花马蓝
Strobilanthes pentstemonoides

1987

爵床科　马蓝属
宿根草本

我国分布长江流域以南及西南，越南、印度亦有分布
喜阴湿；喜温暖

荷包花（蒲包花）

Calceolaria herbeohybrida（C. crenatiflora）

玄参科　　蒲包花属

宿根花卉

亲本产墨西哥及南美智利

喜光；喜冷凉，生育适温10～22℃

1989	**袋鼠花**（亲嘴花、河豚花、金鱼花）	苦苣苔科	丝红苣苔属
	Nematanthus 'Cheerio' (*N. hybrids*)	附生亚灌木	

原产巴西

喜光；喜温暖，生育适温15～22℃；耐旱

1990	**香堇**（角堇、香堇菜、小花三角堇）	堇菜科	堇菜属
	Viola cornuta(*V. odorata, V. willamsii*)	丛生宿根花卉	

原产欧洲、北非及西亚

喜光，稍耐阴；喜冷凉，生育适温12～22℃

148

1991	三色堇（猫面花、蝴蝶花、鬼脸花） *Viola tricolor* (*V. t.* var. *hortensis*)	堇菜科	堇菜属
		宿根花卉，多作一、二年生栽培	

原产欧洲

喜光，稍耐半阴；喜冷凉，生育适温10～22℃

1992	大花三色堇（圆堇菜） *Viola wittrockiana*	堇菜科	堇菜属
		宿根花卉，多作一、二年生栽培	

原产欧洲

喜光，稍耐半阴；喜冷凉，生育适温10～20℃

安祖花品种群
Anthurium andraeanum Group

天南星科　花烛属
常绿宿根花卉

原产南美洲哥伦比亚西南部

喜光，耐半阴；喜高温多湿，生育适温20～30℃，越冬15℃以上

绿掌*A. a.* 'Viridulum'（*A. v.*）

白掌*A. a.* 'Album'（*A. al.*）

粉掌*A. a.* 'Cultivar'（*A. c.*）

宿

根

花

卉

红掌*A. a.* 'Rubnum'（*A. r.*）

1997 迷你花烛（迷你红掌）

Anthurium hybridum

天南星科　　花烛属

常绿宿根花卉

亲本原产南美洲

喜光，耐半阴；喜高温多湿，生育适温20～30℃，越冬15℃以上

1998 火鹤花（卷尾花烛、红苞芋、红鹤芋、猪尾花烛）

Anthurium scherzerianum

天南星科　　花烛属

常绿宿根花卉

原产中美洲哥斯达黎加、危地马拉等地

喜半阴；喜高温多湿，生育适温20～28℃，越冬15℃以上

四季海棠
（四季秋海棠、玻璃翠、玻璃海棠、瓜子海棠、常花海棠）
Begonia semperflorens（ *B. cucullata, B. c.* var. *c.* ）

秋海棠科　　秋海棠属

常绿宿根花卉

原产巴西

喜半日照；喜温暖，生长适温10～25℃；不耐干燥

宿

根

花

卉

四季海棠品种群
Begonia semperflorens Group

秋海棠科 秋海棠属
常绿宿根花卉

原产巴西

喜半日照；喜温暖，生长适温10～25℃；不耐干燥

公鸡四季海棠
B. 'Feuermeer'
(*B. cucullata* 'F.')

玫红四季海棠
Begonia semperflorens
'Rosea'（*B. cucullata* 'R.'）

白花四季海棠
Begonia semperflorens
'Scheetappich'（*B. cucullata* 'S'）

龙翅海棠（龙翼秋海棠）

Begonia tuberousrootea (*B.* 'Dragon Wings')

秋海棠科　秋海棠属

垂吊型宿根花卉

栽培品种

喜光，亦耐半阴；喜温暖至高温；喜湿润，忌干燥

宿

根

花

卉

| 2004 | **蜂出巢**（多花球兰） | 萝藦科 | 蜂出巢属 |
| | *Centrostemma multiflora (Hoya m.)* | 宿根花卉 | |

原产印度尼西亚、菲律宾
喜光，亦耐阴；喜高温高湿

| 2005 | **金红花**（金苞花） | 苦苣苔科 | 金红花属 |
| | *Chrysothemis pulchella* | 宿根花卉 | |

原产巴拿马、巴西和西印度群岛
喜半阴，亦耐阴；喜温暖湿润，生育适温15～28℃

| 2006 | 红叶闭鞘姜
Costus erythrophyllus | 姜科 | 闭鞘姜属 |
| | | 宿根花卉 | |

原产巴西亚马逊河、哥伦比亚、秘鲁、厄瓜多尔
喜光；喜高温湿润

| 2007 | 闭鞘姜
Costus lucanusianus | 姜科 | 闭鞘姜属 |
| | | 宿根花卉 | |

原产中非
喜光，耐半阴；喜高温湿润

白花闭鞘姜（水蕉花、闭鞘姜） | 姜科　　闭鞘姜属
2008
Costus speciosus | 宿根花卉

原产我国南部，东南亚及南亚

喜光，耐半阴；喜高温湿润，生育适温18～28℃

银边闭鞘姜（花叶闭鞘姜） | 姜科　　闭鞘姜属
2009
Costus speciosus 'Marginatus' | 宿根花卉

原种产我国南部，东南亚及南亚

喜半日照；喜高温湿润，生育适温18～28℃

红闭鞘姜
Costus woodsonii

姜科　闭鞘姜属

宿根花卉

产美洲热带和非洲
喜光，亦耐半阴；喜高温多湿，生育适温18～28℃

双肋姜
Dimerocostus strobilaceus 'Yellow'

姜科　双肋姜属

宿根花卉

原产美洲热带
喜光；喜高温湿润

宿

根

花

卉

2012 小鹭鸶兰（小鹭鸶草）
Diuranthera minor

百合科	鹭鸶兰属
宿根草本	

产我国云南
喜阴湿；喜温暖

2013 象腿蕉
Ensete glaucum

芭蕉科	象腿蕉属
大型树 状宿根植物	

产南亚和热带非洲
喜光；喜暖热湿润，不耐寒

2014 **喜阴花**（虹桐草、小红苣苔、红桐草） 苦苣苔科 喜阴花属
Episcia cupreata（*E. cultivar*） 常绿宿根花卉

原产巴西、哥伦比亚、尼加拉瓜
喜半阴，亦耐阴；喜高温湿润，生育适温22～30℃

2015 **银叶喜阴花**（银叶红桐草） 苦苣苔科 喜阴花属
Episcia cupreata 'Acajou' 常绿宿根花卉

原产尼加拉瓜
喜半阴；喜高温湿润

2016
彩叶喜阴花（彩叶红桐草）
Episcia cupreata 'Pink Acajou'

苦苣苔科	喜阴花属
常绿宿根花卉	

原产尼加拉瓜
喜半阴；喜高温湿润

2017
鲁比鸟蕉（鲁比蝎尾蕉）
Heliconia acuminata

蝎尾蕉科	蝎尾蕉属
宿根花卉	

产热带地区
喜光；喜高温湿润

2018	杂交鸟蕉	蝎尾蕉科	蝎尾蕉属
	Heliconia hybrida	宿根花卉	

杂交种
喜光，耐半阴；喜高温湿润

2019	宽苞鸟蕉（宽苞蝎尾蕉）	蝎尾蕉科	蝎尾蕉属
	Heliconia latispatha 'Red-Yellow Gyro'	宿根花卉	

原种产美洲热带
喜光，耐半阴；喜高温湿润，生育适温20～30℃

红苞鹦鹉鸟蕉
（蒂女士蝎尾蕉、鹦鹉蝎尾蕉、红苞鸟蕉）
Heliconia psittacorum 'Lady Di'(*H. paimtlaeoum* 'L. D.')

2020

蝎尾蕉科　蝎尾蕉属

宿根花卉

原种产美洲热带
喜光，耐半阴；喜高温湿润

彩虹鸟蕉（彩虹鸟）
Heliconia psittacorum 'Rhizomatosa'(*H. p.* var. *r.*)

2021

蝎尾蕉科　蝎尾蕉属

宿根花卉

原种产美洲热带
喜光，亦耐阴；喜高温多湿，生育适温22～30℃，越冬
10℃以上

2022	大花赫蕉（大花蝎尾蕉）	蝎尾蕉科	蝎尾蕉属
	Heliconia rostrata 'Major'	宿根花卉	

原种产南美

喜光，亦耐阴；喜高温多湿，生育适温
22～30℃，越冬10℃以上

2023	排序赫蕉	蝎尾蕉科	蝎尾蕉属
	Heliconia sp.	宿根花卉	

原产美洲热带

喜光，耐半阴；喜高温湿润

2024 黄丽鸟蕉（黄鸟、黄苞赫蕉）

Heliconia subulata（H. aurantiaca）

蝎尾蕉科　蝎尾蕉属
宿根花卉

原产巴西、墨西哥至波多黎各

喜光，亦耐阴；喜高温多湿，生育适温22～30℃，越冬10℃以上

2025 棉毛赫蕉（棉毛蝎尾蕉、棉毛垂蕉）

Heliconia vellerigera

蝎尾蕉科　蝎尾蕉属
宿根花卉

原产美洲热带

喜光，耐半阴；喜高温湿润

2026	**新几内亚凤仙** *Impatiens platypetala* (*I. hawkeri I. intearifolia*)	凤仙花科　凤仙花属 宿根花卉

原产非洲南部，新几内亚
喜光，耐半阴；喜温暖，生育适温15～25℃；
喜微酸性土壤

2027	**非洲凤仙**（苏丹凤仙、洋凤仙、绿玻璃翠） *Impatiens sultanii* (*I. walleriana*)	凤仙花科　凤仙花属 一年生花卉

原产非洲
喜半日照，亦耐阴；喜温暖湿润，生长适温
15～25℃；不耐旱

2028	黄花蔓凤仙	凤仙花科	凤仙花属
	Impotiens repens	宿根花卉	

原产南非

喜半日照，亦耐阴；喜温暖至高温；喜湿润

2029	巴氏蕉	芭蕉科	芭蕉属
	Musa bacarii	大型树状宿根花卉	

原产亚洲热带

喜光，耐半阴；喜温暖湿润

红蕉（指天蕉、观赏芭蕉、红花蕉）　　　　芭蕉科　　芭蕉属

Musa coccinea（*M. uranoscopos, M. rubra*）　　大型树状宿根花卉

原产中国、越南、印度尼西亚

喜光，亦耐半阴；喜高温多湿，生育适温

22～30℃

粉花蕉（美粉苞蕉）　　　　　　　　　　芭蕉科　　芭蕉属

Musa ornata　　　　　　　　　　　　大型树状宿根花卉

主产东半球热带

喜光；喜高温多湿，不耐寒；不耐旱

2032	**红花蕉**（红芭蕉、阿希蕉）	芭蕉科	芭蕉属
	Musa velutina（*M. rubra, M. rosacea*）	大型树状宿根花卉	

原产西印度群岛
喜光；喜高温湿润

2033	**法国虎眼万年青**（纳搏虎眼万年青）	百合科	虎眼万年青属
	Ornithogalum narbonense	宿根花卉	

产欧洲
喜光，亦耐半阴；喜温暖湿润

天竺葵（洋绣球、石腊红、洋葵、日烂红）

Pelargonium hortorum

牻牛儿苗科　天竺葵属

亚灌木

原产南非

喜光，耐半阴；喜冷凉，生长适温15～25℃，越冬不低于0℃

宿

根

花

卉

2035	**重瓣天竺葵** *Pelargonium hortorum* 'Plenum'	牻牛儿苗科　天竺葵属
		亚灌木

原种产南非

喜光，耐半阴；喜冷凉，生长适温15～25℃，越冬不低于0℃

2036～2039	**大花天竺葵品种群** *Pelargonium hybridum* Group	牻牛儿苗科 天竺葵属
		亚灌木

杂交种，亲本产南非

喜光，耐半阴；喜冷凉，生长适温15～25℃，越冬不低于0℃

2040	狭叶芦莉草 （墨西哥芦莉草、蓝花草、翠芦莉、人字草） *Ruellia brittoniana* (*Cryphiacanthus angustifolius*)	爵床科	芦莉草属
		常绿宿根花卉	

原产墨西哥

喜光；喜高温湿润，生育适温22～30℃

2041	芦莉草 *Ruellia devosiana*	爵床科	芦莉草属
		多年生草本	

分布亚洲热带

喜光，亦耐阴；喜温暖至高温；喜湿润

非洲紫罗兰品种群
Saintpaulia hybrida Group

苦苣苔科　非洲紫罗兰属
常绿宿根花卉

亲本原产东非
喜半日照，耐阴；喜温暖而空气湿度高，生育适
温15～25℃，越冬11℃以上

丽格海棠（里格秋海棠、玫瑰海棠）

Begonia hiemalis (B. aelatior, B. elatior, B. mannii)

秋海棠科　　秋海棠属

常绿宿根花卉

杂交种

喜光；喜冷凉，生育适温16～20℃，5℃以下即受冻害

宿

根

花

卉

2056	斑马凤梨	凤梨科	光萼荷属
	Aechmea chantinii		宿根花卉

原产南美

喜光；喜温暖湿润；不耐旱，耐水湿

上海溢桐屋顶花园之一

2057	美叶光萼荷（银纹凤梨、美叶凤梨、光萼凤梨、粉菠萝）[蜻蜓凤梨]	凤梨科	光萼荷属
	Aechmea fasciata		宿根花卉

原产巴西

喜半日照，亦耐阴；喜高温多湿，生育适温18～25℃，

越冬5℃以上；较耐旱

2058	珊瑚凤梨 *Aechmea fulgens*	凤梨科	光萼荷属
		宿根花卉	

产自巴西，圭亚那
喜半日照；喜温暖，喜湿润；不耐旱，不耐水湿

2059	二色光萼荷 *Aechmea fulgens* var. *discolor*	凤梨科	光萼荷属
		宿根花卉	

原产南美
喜半日照；喜高温湿润

宿
根
花
卉

2060	**紫穗凤梨**	凤梨科	光萼荷属
	Aechmea 'Purpurea'	宿根花卉	

原种产秘鲁

喜光，耐半阴；喜温暖至高温

2061	**分枝光萼荷**	凤梨科	光萼荷属
	Aechmea ramose var. *ramosa*	宿根花卉	

原产巴西

喜光；喜高温湿润

2062	长穗凤梨（紫凤光萼荷）	凤梨科	光萼荷属
	Aechmea tillandsioides 'Amazonas'	宿根花卉	

原产秘鲁
喜光，耐半阴；喜温暖至高温

2063	花叶万年青（细斑亮丝草、细斑粗肋草）	天南星科	广东万年青属
	Aglaonema commutatum	观叶植物	

原产马来西亚
喜半日照，亦耐阴；喜高温湿润

宿

根

花

卉

2064 **墨纹万年青** [黑美人]　　　　天南星科　广东万年青属
Aglaonema commutatum 'San Remo' (*A. c.* 'Malay Beauty')　观叶植物

原产亚洲热带
喜半日照，极耐阴；喜高温高湿，生育适温20～28℃，越冬13℃以上

2065 **银后万年青**（皇后亮丝草、银后粗肋草）[银皇后]　　天南星科　广东万年青属
Aglaonema commutatum 'Silver Queen'
(*A. nitidum* 'S. Q.', A. 'S. Q.')　观叶植物

原产亚洲热带
喜半日照，极耐阴；喜高温高湿，生育适温20～28℃，越冬
13℃以上

2066	白柄万年青（白柄粗肋草）	天南星科　广东万年青属
	Aglaonema commutatum 'White Rajah' (*A.* 'W. Stem')	观叶植物

原产亚洲热带

喜半日照，极耐阴；喜高温多湿，不耐寒

2067	白肋亮丝草（心叶粗肋草）	天南星科　广东万年青属
	Aglaonema costatum	观叶植物

原产马来西亚

喜光，亦耐阴；喜高温高湿，生育适温20～28℃

2068	**彩叶万年青** *Aglaonema* 'Donna Carmen'	天南星科　广东万年青属
		观叶植物

原产亚洲热带

喜半日照，且耐阴；喜高温多湿，不耐寒

2069	**白雪万年青** [白雪公主] *Aglaonema nitidum* 'Curtisii' (*A. n.* var. *c., Dieffenbechia maculata* 'Tryunfw')	天南星科　广东万年青属
		观叶植物

原产亚洲热带

喜半日照，极耐阴；喜温暖湿润，生育适温10～25℃

2070 **柔毛羽衣草**
Alchemilla mollis cv.

蔷薇科　　羽衣草属
多年生草本

分布于温带高山
喜光；喜温暖湿润；耐旱

2071 **红鸭**（花苋草、莲子草）
Alternanthera tenella 'Party Time'

苋科　　锦绣苋属
观叶植物

原产巴西
喜光；喜高温高湿

宿
根
花
卉

| 2072 | **红凤梨**（彩叶凤梨） | 凤梨科 | 凤梨属 |
| | *Ananas bracteatus* var. *striatus* | 宿根花卉 | |

原产巴西

喜光；喜高温湿润

| 2073 | **艳凤梨**（斑叶凤梨、花叶凤梨） | 凤梨科 | 凤梨属 |
| | *Ananas comosus* 'Variegatus' (*A. c.*'Aureo V.', *A. c.* var.v.) | 常绿宿根花卉 | |

原产美洲热带

喜光；喜高温多湿，不耐寒，生育适温20～28℃，越冬10℃以上

2074	杂交凤梨 *Ananas hybridus*	凤梨科 凤梨属
		常绿宿根花卉

原产美洲热带

喜光；喜高温高湿，不耐寒

2075	水晶花烛 [滴水观音] *Anthurium crystallinum*	天南星科 花烛属
		常绿宿根花卉

产秘鲁、哥伦比亚

喜半日照，耐阴；喜高温多湿，生育适温20～28℃

| 2076 | **密林丛花烛** | 天南星科 | 花烛属 |
| | *Anthurium* 'Jungle Bush' | 常绿宿根花卉 | |

原产秘鲁、哥伦比亚
喜半日照，耐阴；喜高温多湿

| 2077 | **乌巢花烛** | 天南星科 | 花烛属 |
| | *Anthurium mexicanum* (*A. tetragonum*) | 常绿宿根花卉 | |

原产中美洲
喜半阴；喜高温多湿

| 2078 | 观叶花烛 | 天南星科 | 花烛属 |
| | *Anthurium* sp. | 常绿宿根花卉 | |

原产南美洲哥伦比亚西南部热带雨林

喜光，耐半阴；喜高温多湿，生育适温20～30℃，越冬15℃以上；不耐旱

| 2079 | 猪毛蒿 | 菊科 | 蒿属 |
| | *Artemisia scoparia*（*Acapillaris s.*） | 宿根植物 | |

产欧洲至西亚

喜光，亦耐阴；喜高温；耐旱

2080 **狐尾武竹**（金丝竹、非洲天门冬）

Asparagus densiflorus 'Myersii' (*A. meyeri*)

假叶树科　　天门冬属

宿根草本

原种产南非

喜光，亦耐阴；喜温暖至高温，生育适温
20～35℃，越冬5℃以上；耐旱

2081 **蓬莱松**（松叶武竹、武竹、松竹草）

Asparagus myriocladus

假叶树科　　天门冬属

宿根草本

原产南非纳塔尔

喜光，亦耐阴；喜温暖至高温，生育适温20～35℃，越冬5℃以上；耐旱

2082	文竹（云片竹、西洋文竹） *Asparagus plumosus (A. setaceus)*	假叶树科　天门冬属
		宿根草质藤本

原产南非

喜半阴，亦耐阴；喜高温，生育适温22～28℃，越冬5℃以上；忌干旱

2083	大文竹 *Asparagus plumosus var. robustus*	假叶树科　天门冬属
		宿根草质藤本

原产南非

喜半阴，亦耐阴；喜高温，生育适温22～28℃，越冬5℃以上；忌干旱

宿根花卉

| 2084 | 银星秋海棠（斑叶秋海棠）
Begonia argenteo-guttata | 秋海棠科 | 秋海棠属 |
| | | 观叶植物 | |

原产巴西
喜半日照，亦耐阴；喜温暖湿润，忌高温

| 2085 | 莲叶秋海棠
Begonia auriculata (*B. lifolia* 'Colonel Gole', *B. l.* cv. *c. g.*) | 秋海棠科 | 秋海棠属 |
| | | 观叶植物 | |

产中国
喜光，亦耐阴；喜温暖湿润

2086	**虎斑秋海棠** *Begonia boweri* 'Tiger' (*B. b.* cv. *t.*, *B.* 'Norah Bedson')	秋海棠科	秋海棠属
		观叶植物	

原产中国

喜半日照，亦耐阴；喜温暖湿润

2087	**中华秋海棠**（花叶秋海棠） *Begonia cathayana*	秋海棠科	秋海棠属
		观叶植物	

产我国西南，越南有分布

喜半日照，亦耐阴；喜温暖湿润

2088	绯红秋海棠	秋海棠科	秋海棠属
	Begonia coccinea	观叶植物	

中国培育
喜半日照，亦耐阴；喜温暖湿润

2089	卷心秋海棠	秋海棠科	秋海棠属
	Begonia 'Cordicyclosa'	观叶植物	

栽培品种
喜半日照，亦耐阴；喜温暖，不耐寒

2090	红毛秋海棠 *Begonia dipetala* 'Doritrica'	秋海棠科	秋海棠属
		观叶植物	

引自英国

喜半日照，亦耐阴；喜温暖至高温；喜湿润，不耐旱

2091	多叶秋季海棠（红背秋海棠） *Begonia foliosa*	秋海棠科	秋海棠属
		观叶植物	

原产非洲、哥伦比亚、巴西、日本

喜半日照，亦耐阴；喜温暖至高温；忌干旱

2092	**红筋秋海棠** *Begonia haageana*	秋海棠科	秋海棠属
		观叶植物	

产中国
喜半日照，亦耐阴；喜温暖湿润

2093	**枫叶秋海棠**（独活叶秋海棠、昆明鸟） *Begonia heracleifolia*	秋海棠科	秋海棠属
		观叶植物	

引自日本
喜半日照，亦耐阴；喜温暖至高温；喜湿润

2094	僧帽秋海棠（肩背秋海棠、硬毛秋海棠、兜状秋海棠）	秋海棠科	秋海棠属
	Begonia hispida var. *cucullifera*	观叶植物	

原种产巴西
喜半日照，亦耐阴；喜温暖至高温；喜湿润，忌干燥

2095	帝王秋海棠（银宝石秋海棠、银翠秋海棠）	秋海棠科	秋海棠属
	Begonia imperialis	观叶植物	

原产巴西
喜半日照，亦耐阴；喜温暖至高温；喜湿润，忌干燥

宿

根

花

卉

2096	**竹节秋海棠** *Begonia maculata* (*B. argyrostigma*)	秋海棠科　　秋海棠属
		观叶植物

原产巴西

喜半日照，亦耐阴；喜温暖至高温；喜湿润

2097	**露西娜秋海棠** *Begonia maculata* 'Luccerna'	秋海棠科　　秋海棠属
		观叶植物

原产巴西

喜半日照，亦耐阴；喜温暖至高温，生育适温15～25℃；喜湿润，忌干燥

2098	铁十字秋海棠（刺毛秋海棠、马蹄秋海棠） *Begonia masoniana*	秋海棠科　秋海棠属
		观叶植物

原产中国、马来西亚、新几内亚

喜半日照，亦耐阴；喜温暖湿润，生育适温20～25℃，越冬10℃以上；忌干燥

宿

根

花

卉

2099	彩纹秋海棠 *Begonia masoniana* 'Variegata' (*B. m.*var. *maculata*)	秋海棠科　秋海棠属
		观叶植物

原产中国、马来西亚、新几内亚

喜半日照，亦耐阴；喜温暖至高温；喜湿润，忌干燥

2100	**截裂秋海棠**（奇异秋海棠）	秋海棠科	秋海棠属
	Begonia miranda	观叶植物	

产中国西南
喜半日照，亦耐阴；喜温暖湿润；忌干燥

2101	**罗娜秋海棠**	秋海棠科	秋海棠属
	Begonia norah	观叶植物	

原产巴西
喜半日照，亦耐阴；喜温暖；忌干燥

<table>
<tr><td>2102</td><td>**紫叶秋海棠**
Begonia 'Purple Leaf '</td><td>秋海棠科　秋海棠属</td></tr>
<tr><td></td><td></td><td>观叶植物</td></tr>
</table>

原种产巴西
喜半日照，亦耐阴；喜温暖；忌干燥

<table>
<tr><td rowspan="2">2103</td><td>**肾叶秋海棠**
Begonia reniformis</td><td>秋海棠科　秋海棠属</td></tr>
<tr><td>观叶植物</td></tr>
</table>

引自澳大利亚
喜半日照，亦耐阴；喜温暖至高温；喜湿润，忌干燥

宿根花卉

198

| 2104 | **戟叶秋海棠** | 秋海棠科 | 秋海棠属 |
| | *Begonia reptotricha*（*B. limprichtii*） | 观叶植物 | |

产我国西南

喜半日照，亦耐阴；喜湿润，忌干燥

| 2105 | **毛叶秋海棠**（虾蟆叶秋海棠、大王秋海棠） | 秋海棠科 | 秋海棠属 |
| | *Begonia rex* | 观叶植物 | |

原产南美洲，我国西南有分布

喜半日照，亦耐阴；喜温暖，忌高温，越冬温度5℃以
上；喜湿润，忌干燥；喜偏碱性土壤

2106	银叶秋海棠 *Begonia rex* 'Blust' (*B. rex-cultorum*)	秋海棠科　　秋海棠属
		观叶植物

原种产南美

喜半日照，亦耐阴；喜温暖至高温；喜湿润，忌干燥

2107	花叶秋海棠 *Begonia rex* 'Helen Lewis'	秋海棠科　　秋海棠属
		观叶植物

原种产南美

喜半日照，亦耐阴；喜温暖至高温；喜湿润，忌干燥

2108	圣诞秋海棠	秋海棠科　秋海棠属
	Begonia rex 'Merry Christmas' (*B. r.* cv. 'M. Ch.')	观叶植物

原种产南美
喜半日照，亦耐阴；喜温暖至高温；喜湿润，忌干燥

2109	绿宝石秋海棠（银宝石）	秋海棠科　　秋海棠属
	Begonia rex 'Shlven Jewell' (*B.* 'S. J.')	观叶植物

原种产南美
喜半日照，亦耐阴；喜温暖至高温；喜湿润，忌干燥

2110	**睫毛秋海棠**（鲍氏秋海棠） *Begonia* 'Ricinifolia'（*B. boweri*, *B. kicinifolia*）	秋海棠科　秋海棠属
		观叶植物

原产墨西哥

喜光，亦耐阴；喜温暖湿润

2111	**雷金秋海棠** *Begonia* 'Riky-minter'	秋海棠科　秋海棠属
		观叶植物

原种产墨西哥

喜光，亦耐阴；喜温暖湿润

2112 毛叶秋海棠
Begonia scharthiana

秋海棠科　　秋海棠属
观叶植物

产中国
喜半日照；喜温暖，不耐高温，不耐寒；喜湿润

2113 观叶甜菜
Beta 'Purpurea'

藜科　　甜菜属
观叶植物

原种产南欧
喜光；喜冷凉，耐寒；耐旱

2114	**红叶甜菜**（红牛皮菜、君荙菜、红荙菜、厚皮菜）	藜科	甜菜属
	Beta vulgaris var. *cicla* (*B. v.* 'Dracaenifolia')	观叶植物	

原产南欧

喜阳光；喜温暖湿润；生育适温15～25℃；耐旱

2115	**垂花水塔花**（狭叶水塔花、皇后泪、垂花凤梨）	凤梨科	水塔花属
	Billbergia nutans	观叶植物	

原产巴西、巴拉圭、阿根廷、乌拉圭

喜光，耐半阴；喜温暖湿润，生育适温20～25℃，越冬10℃以上

插图：巴黎凡尔赛宫前宫花坛

2116	水塔花（红苞凤梨、红笔凤梨）	凤梨科	比尔见亚属
	Billbergia pyramidalis（Aechmea nudicaulis）	宿根花卉	

原产巴西

喜光，耐半阴；喜温暖湿润；生育适温20～25℃，越冬10℃以上

2117	羽排肖竹芋	竹芋科	肖竹芋属
	Calathea crotalifera	常绿宿根花卉	

原产墨西哥至厄瓜多尔

喜光，耐半阴；喜高温湿润

| 2118 | 箭羽肖竹芋（箭羽竹芋、响尾蛇肖竹芋、明显肖竹芋）| 竹芋科 | 肖竹芋属 |
| | *Calathea insignis (C. lancifolia)* | 观叶植物 | |

原产巴西、哥斯达黎加

喜半阴，耐阴；喜高温多湿，生育适温20～28℃，越冬10℃以上

| 2119 | 来氏肖竹芋 | 竹芋科 | 肖竹芋属 |
| | *Calathea loeseneri* | 观叶植物 | |

原产南美洲至中美洲

喜半日照，亦耐阴；喜高温湿润

大叶肖竹芋（黄花肖竹芋）

Calathea lutea

竹芋科　　肖竹芋属

观叶植物

原产美洲热带

喜光，耐半阴；喜高温湿润

2121

孔雀肖竹芋（马克肖竹芋、孔雀竹芋）

Calathea makoyana (Maranta m.)

竹芋科　　肖竹芋属

观叶植物

原产巴西

喜半，阴耐阴；喜高温；生育适温16～28℃，越冬10℃以上

2122 **白边肖竹芋**
Calathea 'Medallion'

竹芋科　　肖竹芋属
观叶植物

栽培品种

喜半日照，亦耐阴；喜高温湿润

2123 **红羽肖竹芋**（饰叶肖竹芋）
Calathea ornata 'Roseo-lineata'
(*C. majestica* 'Albolineata', *C. o.*var. *r.-l.*)

竹芋科　　肖竹芋属
观叶植物

原种产巴西

喜半阴，耐阴；喜高温多湿，生育适温20～28℃，越冬10℃以上

2124	**双线肖竹芋**（双线竹芋）	竹芋科	肖竹芋属
	Calathea ornata 'Sanderiana' (*C. o. var. s., C. majestica* 'S.')	观叶植物	

原种产巴西

喜半阴，耐阴；喜高温多湿，生育适温20～28℃，越冬10℃以上

2125	**玫瑰肖竹芋**（玫瑰竹芋、红边肖竹芋、彩虹竹芋）	竹芋科	肖竹芋属
	Calathea roseopicta	观叶植物	

原产巴西

喜半阴，耐阴；喜高温多湿，生育适温20～28℃，越冬10℃以上

2126　红背肖竹芋—亚洲美人

Calathea roseopicta 'Asian Beauty'

竹芋科　　肖竹芋属

观叶植物

原种产巴西

喜半阴，耐阴；喜高温多湿，生育适温20～28℃

2127　圆叶肖竹芋（圆叶竹芋）［青苹果］

Calathea rotundifolia 'Fasciata'（ *C. orbifolia* ）

竹芋科　　肖竹芋属

观叶植物

原种产巴西

喜半阴，耐阴；喜高温多湿；生育适温20～28℃，越冬10℃以上

2128	王氏肖竹芋 *Calathea warscewiczii*	竹芋科	肖竹芋属
		观叶植物	

原产科斯塔群岛

喜半日照，亦耐阴；喜高温湿润

2129	斑叶肖竹芋（绒叶肖竹芋）[天鹅绒] *Calathea zebrina*	竹芋科	肖竹芋属
		观叶植物	

原产巴西

喜半阴，耐阴；喜高温多湿；生育适温20～28℃，越冬10℃以上

2130	缟艺横兰 *Clivia miniata cv.*	石蒜科	君子兰属
		观叶植物	

原种产南非

喜半日照，亦耐阴；喜温暖，生育适温15～25℃，越冬15℃以上；忌干旱

2131	纵缟姬凤梨（姬凤梨） *Cryptanthus acaulis* (*C.* 'Pink Starlight')	凤梨科	姬凤梨属
		观叶植物	

原产巴西

喜半日照，耐阴；喜高温多湿；极耐旱

宿

根

花

卉

| 2132 | **双带姬凤梨**（绒叶小凤梨） | 凤梨科 | 姬凤梨属 |
| | *Cryptanthus bivittatus* | 观叶植物 | |

原产巴西
喜半日照，耐阴；喜高温多湿；极耐旱

| 2133 | **红叶凤梨**（红凤梨） | 凤梨科 | 红叶凤梨属 |
| | *Cryptbergia* 'Rubra' | 观叶植物 | |

杂交种
喜光，亦耐半阴；喜温暖湿润

2134	**黄斑锦竹芋**（黄斑竹芋、黄斑栉花竹芋） *Ctenanthe lubbersiana (Calathea l., Ca. pilosa* 'Gold Capella')	竹芋科	锦竹芋属
		观叶植物	

原产巴西
喜半阴，耐阴；喜高温多湿，生育适温20～28℃，越冬10℃以上

2135	**栉花竹芋**（箭羽竹芋） *Ctenanthe oppenheimiana*	竹芋科	锦竹芋属
		观叶植物	

原产巴西
喜半日照，怕强光；喜温暖湿润，
不耐寒；忌干旱

三色锦竹芋（七彩竹芋、三色竹芋）	竹芋科 锦竹芋属
2136 *Ctenanthe oppenheimiana* 'Tricolor' (*Ct. o.* 'Quadricdor' , *Calathea picturata, Stromanthe sanguinea* 'Stripestar' Variegatea')	观叶植物

原产巴西
喜半阴，耐阴；喜高温多湿，生育适温20～28℃，越冬10℃以上

紫背竹芋（红背竹芋）	竹芋科 锦竹芋属
2137 *Ctenanthe sanguinea* (*Calathea rafibarba, Stromanthe s.*)	观叶植物

原产巴西
喜半阴，耐阴；喜高温多湿，生育适温20～28℃，越冬10℃以上

2138	夏雪黛粉叶（薯白黛粉叶） *Dieffenbachia amoena* 'Tropic Snow' (*D.* 'T. S.')	天南星科　花叶万年青属
		观叶植物

原种产美洲热带

喜光，亦耐阴；喜高温高湿，
生育适温20～28℃

2139	花叶万年青-1 *Dieffenbachia cultivar*	天南星科　花叶万年青属
		观叶植物

原种产美洲热带

喜光，亦耐阴；喜高温多湿

插图：巴黎凡尔赛宫中央花坛

2140 **花叶万年青-2**
Dieffenbachia 'Besar Putih'

天南星科　花叶万年青属
观叶植物

原种产美洲热带
喜光，亦耐阴；喜高温多湿

2141 **喷雪黛粉叶**
Dieffenbachia 'Exotica'

天南星科　花叶万年青属
观叶植物

原种产美洲热带
喜光，亦耐阴；喜高温多湿

2142	高傲黛粉叶 *Dieffenbachia maculata*	天南星科　花叶万年青属
		观叶植物

产热带亚热带地区
喜光，亦耐阴；喜高温多湿

2143	白网纹草（网格草） *Fittonia verschaffeltii* 'Argyroneura' (*F. albivensis* 'Ar.')	爵床科　　网纹草属
		观叶植物

原种产南美
喜半阴；喜高温湿润

2144	**网纹草**（菲通尼亚草）	爵床科	网纹草属
	Fittonia verschaffeltii 'Cultivars'	观叶植物	

原种产南美

喜半阴；喜高温湿润

2145	**小白网纹草**（小白菜）	爵床科	网纹草属
	Fittonia verschaffeltii 'Minima' (*F. albivensis* 'Nana')	观叶植物	

原种产南美

喜半阴，耐阴；喜高温多湿，生育适温20～28℃，越冬15℃以上

2146	**炮仗星果子蔓**（金顶凤梨、黄岐花凤梨） *Guzmania dissitiflora*（*Sodiroa d.*）	凤梨科	果子蔓属
		常绿宿根花卉	

原产哥斯达黎加、巴拿马和哥伦比亚
喜光，亦耐阴；喜高温多湿，
生育适温18～28℃，越冬10℃以上

插图：巴黎凡尔赛宫后宫花坛

2147	**锦叶凤梨** *Guzmania insignis*	凤梨科	果子蔓属
		常绿宿根花卉	

原产哥伦比亚
喜半日照，耐阴；喜高温多湿，生育适温20～28℃，越冬10℃以上

宿根花卉

果子蔓及品种群

2148~2153

Guzmania lingulata Group

凤梨科　果子蔓属

常绿宿根花卉

原产美洲热带雨林

喜半日照，耐阴；喜高温多湿，生育适温20～28℃，越冬10℃以上

果子蔓（姑氏凤梨、红杯凤梨）
Guzmania lingulata

紫擎天果子蔓（紫擎天凤梨）[鲜红凤梨]
G. l. 'Amaranth' (*G. l.* var. *a.*)

姑氏果子蔓（姑氏凤梨）[火红凤梨]
G. l. 'Cardindlis' (*G. l.* var. *c.*)

橙擎天果子蔓（橙擎天凤梨）[橙宝凤梨]
G. l. 'Cherry' (*G. l.* var. *ch.*)

粉擎天果子蔓（粉擎天凤梨）[粉星凤梨]
G. l. cv.

莫苞果子蔓
（金星凤梨、黄擎天凤梨、大黄星果子蔓、大黄星）
G. L. 'Remenbrance' (*G. L.* var. *r.*, *G.* Hilde)

| 2154 | **火轮凤梨**（星花凤梨） | 凤梨科 | 果子蔓属 |
| | *Guzmania magnifica (G. lingulata)* | 宿根花卉 | |

原产中、南美洲

喜半日照；喜高温，生育适温20～28℃；耐旱

| 2155 | **马来亚纳古**（纳古） | 纳古科 | 纳古属 |
| | *Hanguana malayana (Susum malayanum)* | 常绿宿根花卉 | |

原产马来西亚

喜光，耐半阴；喜高温湿润

2156 **危地马拉赫克**
Hechtia guatemalensis

凤梨科　　赫克属
观叶植物

原产危地马拉
喜光；喜高温湿润

2157 **红千年健**（心叶春雪芋）
Homalomena rubescens

天南星科　　千年健属
观叶植物

原产缅甸
耐阴性强；喜高温多湿；生育适温20～28℃，13℃以下应防寒

2158	紫脉血苋（紫叶苋）	苋科	血苋属
	Iresine 'Purpurea'	观叶植物	

原种产巴西
喜光，耐半阴；喜温暖至高温

2159	白玉鸢尾（花叶鸢尾）	鸢尾科	鸢尾属
	Iris pallida 'Variegata'	观叶植物	

原种产中南欧
喜半日照；喜温暖至高温，生育适温20～28℃，越冬10℃以上

2160	长叶罗满草 *Lomandra longifolia*	罗满草科	罗满草属
		多年生草本	

原产澳大利亚

喜光；喜暖热；耐旱

2161	斑叶竹芋 *Maranta arundinacea* 'Variegata'	竹芋科	竹芋属
		观叶植物	

原种产美洲热带

喜光，耐半阴；喜温暖湿润

2162	白脉竹芋（条纹竹芋）	竹芋科	竹芋属
	Maranta leuconeura (*Calathea l.*)	观叶植物	

原产巴西

喜光，耐半阴；喜温暖湿润，生长适温18～22℃，越冬14℃以上

2163	红脉豹纹竹芋（红脉竹芋）	竹芋科	竹芋属
	Maranta leuconeura 'Erythrophylla' (*M. l.* var. *erythroneura*)	观叶植物	

原种产巴西

喜光，耐半阴；喜高温多湿

2164	**大叶白脉豹纹竹芋**	竹芋科	竹芋属
	Maranta leuconeura var. *kerchoviana* (*M. k., M. l.* 'K.')		观叶植物

原种产巴西
喜光，耐半阴；喜高温多湿

2165	**斑叶芒**	禾本科	芒属
	Miscanthus sinensis 'Zebrinus'		多年生草本

我国广布南北各地
喜光；喜温暖，耐高温；耐旱

227

2166	小龟背竹	天南星科	龟背竹属
	Monstera adansonii	观叶植物	

原产墨西哥

喜半阴且耐阴；喜温暖多湿，生育适温20～25℃，越冬5℃以上

2167	秀珍龟背竹（穿心叶龟背竹）[迷你龟背竹]	天南星科	龟背竹属
	Monstera obliqua var. *expilata*	观叶植物	

原产墨西哥、危地马拉、美洲热带雨林

喜半阴且耐阴；喜温暖多湿，生育适温20～25℃，越冬5℃以上

宿

根

花

卉

龟背竹（电线兰、蓬莱蕉）

2168

Monstera deliciosa（Philodendron pertusum）

天南星科 　 龟背竹属

常绿大藤本

原产墨西哥、危地马拉、美洲热带雨林

喜半阴且耐阴；喜温暖多湿，生育适温20～25℃，越冬5℃以上

2169	白斑叶龟背竹（白斑蓬莱蕉）	天南星科	龟背竹属
	Monstera deliciosa 'Albo-Variegata'(*M. adansonii* 'V.')	常绿大藤本	

原种产墨西哥、危地马拉、美洲热带雨林

喜半阴且耐阴；喜温暖多湿，生育适温20～25℃，越冬5℃以上

2170	美丽凤梨（金边凤梨）	凤梨科	彩叶凤梨属
	Neoregelia carolinae 'Flandria'(*N. c.* var. *f.*)	观叶植物	

原种产巴西

喜光，亦耐阴；喜高温多湿；生育适温20～28℃

2171	三色赪凤梨（红心凤梨、五彩凤梨、彩叶凤梨、中斑五彩凤梨） *Neoregelia carolinae* 'Tricolor' (*N. c.* var. *t.*)	凤梨科　　彩叶凤梨属 观叶植物

原种产巴西

喜半日照，耐阴；喜高温多湿，生育适温20～28℃，越冬10℃以上

2172	紫斑凤梨 *Neoregelia coriacea*	凤梨科　　彩叶凤梨属 观叶植物

原产巴西

喜半日照，耐阴；喜高温多湿

艳美彩叶凤梨（艳凤梨、端红凤梨、西洋万年青）
Neoregelia spectabilis

凤梨科　彩叶凤梨属
观叶植物

原产巴西
喜半阴；喜温暖至高温

宿根花卉

紫叶天竺葵
2174
Pelargonium hortorum 'Purpum'

牻牛儿苗科　天竺葵属
观叶植物

原种产南非
喜光，耐半阴；喜冷凉，生长适温15～25℃，越冬不低于0℃

2175	斑叶天竺葵	牻牛儿苗科	天竺葵属
	Pelargonium hortorum 'Variegatum'	观叶植物	

原种产南非

喜光，耐半阴；喜冷凉，生长适温15~25℃，越冬不低于0℃

2176	马蹄纹天竺葵	牻牛儿苗科	天竺葵属
	Pelargonium zonale (*P. zonale-hybrids*, *P. hortorum*)	观叶植物	

原产南非

喜光，耐半阴；喜温暖湿润，越冬5℃以上

2177	花叶虉草（金边草、银草、丝带草、玉带草）	禾本科	虉草属
	Phalaris arundinacea 'Picta'(*Ph. a.* var. *pi.*)	多年生草本	

原种产北美和欧洲，我国南北各地广为栽培

喜光；喜温暖湿润，稍耐寒；耐旱

2178	绿翠喜林芋 [绿宝石]	天南星科	喜林芋属
	Phiodendron erubescens 'Green Emerald'	观叶植物	

原种产哥伦比亚

较耐阴；喜高温高湿，生育适温20～30℃；不耐旱

宿
根
花
卉

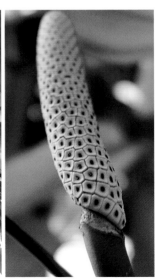

2179	**红翠喜林芋** [红宝石]	天南星科	喜林芋属
	Phiodendron erubescens 'Red Emerald'	观叶植物	

原种产哥伦比亚

较耐阴；喜高温高湿，生育适温20～30℃；不耐旱

2180	**圆扇蔓绿绒**	天南星科	喜林芋属
	Phiodendron grazielae	观叶植物	

原产秘鲁、巴西

喜半日照，极耐阴；喜高温多湿，生育适温
20～28℃，越冬13℃以上

小天使
（神锯、仙羽蔓绿绒、羽叶蔓绿绒、迷你春羽）［千手观音］

Phiodendron lauterbachianum

(*P. anadu, Schizocasia auterbachiana*)

天南星科　　喜林芋属

观叶植物

产新几内亚

喜半日照且耐阴；喜温暖湿润，生育适温17～25℃；不耐旱

明脉蔓绿绒 ［绿帝王］

Philodendron wendlandii (*P. sodiro* 'Wendimbe', *P. melinonii*)

天南星科　　喜林芋属

观叶植物

原产美洲热带

喜半日照，较耐阴；喜高温高湿度，生育适温20～28℃，越冬13℃
以上；不耐旱

2183　**金叶蔓绿绒** [金帝王]　　　天南星科　喜林芋属
Philodendron sodiro 'Gold' (*P. melinonii* 'G.')　观叶植物

原种产美洲热带
喜半阴；喜高温湿润

2184　**心叶蔓绿绒**（圆叶蔓绿绒）　　天南星科　喜林芋属
Philodendron oxycardium　观叶植物

原产巴西、牙买加、西印度群岛
喜半日照耐阴；喜高温多湿，生育适温20～28℃，
越冬13℃以上

2185	羽裂喜林芋（春羽、林芋）	天南星科	喜林芋属
	Philodendron selloum (*P. bipinnatifidum*)	观叶植物	

原产巴西和巴拉圭

喜半日照，较耐阴；喜高温多湿，生长适温

20～28℃，越冬5℃以上；不耐旱

2186	银脉虾蟆草（思鲁冷水花）	荨麻科	冷水花属
	Pilea supruceana 'Norfolk'	观叶植物	

原产中美洲牙买加

喜光，亦耐阴；喜温暖湿润

宿

根

花

卉

2187	香茶菜	唇形科	香茶菜属
	Plectranthus coleoides (P. forsteri)	观叶植物	

原产印度南部

喜光，亦耐阴；喜温暖至高温，生育适温20～28℃

2188	丽冠凤梨（圆锥果子蔓、咪头）[时来运转]	凤梨科	花瓶属
	Quesnelia hybrida (Guzmania conifera)	常绿宿根花卉	

杂交种

喜光，耐半阴；喜高温多湿，生育适温20～28℃，
越冬10℃以上

分布日本和我国西南部、中部至东部
喜光，亦耐阴；喜温暖湿润

原种产南非
喜光；喜温暖湿润

宿

根

花

卉

2191	野靛棵 *Mananthes patentiflora*	爵床科	野靛棵属
		观叶植物	

我国云南南部常见
喜光，喜暖热湿润

2192	白鹤芋（和平芋）[一帆风顺] *Spathipyllum floribundum* 'Clevelandii' (*S. cannifolium, S. wallisii* 'C.')	天南星科	白鹤芋属
		常绿宿根花卉	

原种产美洲热带、哥伦比亚
喜半日照，极耐阴；喜高温多湿，生育适温18～28℃，越冬10℃以上

2193	苞叶芋（白掌）[绿巨人]	天南星科	白鹤芋属
	Spathipyllum floribundum 'Sensation' (*S.* 'S.')	常绿宿根花卉	

原种产美洲热带、哥伦比亚

喜半日照，极耐阴；喜高温多湿，生育适温

18～28℃，越冬10℃以上

2194	绵毛水苏	唇形科	水苏属
	Stachys lanata (*S. byzantina*)	观叶植物	

原产土耳其北部及亚洲西南一带

喜光；喜温暖湿润；耐寒；耐旱

2195	**尼古拉鹤望兰**（白花天堂鸟、白鸟蕉、荷兰鸟）	旅人蕉科	鹤望兰属
	Strelitzia nicolai	观叶植物	

原产南非

喜光；喜高温多湿，生育适温24～32℃，越冬10℃以上

2196	**爱玉合果芋**	天南星科	合果芋属
	Syngonium podophyllum 'Gold Allusion' (*S. p.* 'Gold Allusicai')	观叶植物	

原种产墨西哥至巴西

喜光，亦耐半阴；喜高温湿润

2197 | 锦叶合果芋（粉蝶合果芋）［红粉佳人］ | 天南星科　合果芋属
Syngonium podophyllum 'Pinky' | 观叶植物

原种产墨西哥至巴西
喜光，亦耐半阴；喜高温湿润

2198 | 翠玉合果芋 | 天南星科　合果芋属
Syngonium podophyllum 'Variegata' | 观叶植物

原种产墨西哥至巴西
喜光，亦耐半阴；喜高温湿润

白蝶合果芋（白蝴蝶）
Syngonium podophyllum 'White Butterfly'

天南星科　　合果芋属

观叶植物

原种产墨西哥至巴西

喜半日照，亦耐阴；喜温暖至高温；喜湿润

2200	白绢草	鸭跖草科	紫露草属
	Tradescantia sillamontana	观叶植物	

原产南非
喜光，耐半阴；喜高温干燥；耐旱

2201	丽莺凤梨	凤梨科	丽穗凤梨属
	Vriesea carinata 'Carolien'	宿根花卉	

原种产巴西
喜半日照，耐阴；喜高温多湿，生育适温20～28℃，越冬10℃以上

2202	艳苞凤梨（火炬、火焰花）	凤梨科	丽穗凤梨属
	Vriesea poelmanii	宿根花卉	

亲本产中南美洲和西印度群岛

喜半日照，较耐阴；喜高温多湿，生育适温20～28℃，越冬10℃以上

2203	王杖凤梨	凤梨科	丽穗凤梨属
	Vriesea rex	宿根花卉	

原产巴西

喜光；喜温暖至高温

2204	**虎纹凤梨**（大剑、红剑、丽穗凤梨、令箭凤梨）	凤梨科	丽穗凤梨属
	Vriesea splendens	宿根花卉	

原产巴西、圭亚那、委内瑞拉

喜光；喜高温多湿，生育适温20～28℃，越冬10℃以上

2205	**斑叶凤梨**	凤梨科	丽穗凤梨属
	Vriesea 'Variegata'	宿根花卉	

原种产巴西

喜光；喜温暖湿润，不耐寒

2206	山菅兰（山菅、山猫儿） *Dianella ensifolia*	百合科　山菅兰属 多年生草本

产中国西南部至台湾
喜光；喜高温多湿

2207	球茎茴香 *Foeniculum vulgare* cv.	伞形科　茴香属 宿根花卉

原种产地中海沿岸
喜光；喜温暖湿润

2208	**假升麻** *Aruncus dioicus（A. sylvester）*	蔷薇科	假升麻属
		宿根花卉	

产亚洲，广布北温带

喜光；喜冷凉至温暖；喜湿润亦耐旱

2209	**秋海棠** *Begonia evansiana*	秋海棠科	秋海棠属
		宿根花卉	

产我国长江流域各省

喜半日照，亦耐阴；喜温暖湿润

2210	红棕苔草 *Carex digyne*	莎草科	苔草属
		多年生草本	

分布我国西北、西南高山草原
喜光，亦耐阴；喜温暖湿润；耐旱

2211	柳兰 *Chamaenerion angustifolium* (*Epilobium a.*)	柳叶菜科	柳兰属
		多年生草本	

北半球温带广布
喜光；喜冷凉，生育适温15～25℃；不耐旱

| 2212 | **大理紫堇**（金钩如意草） | 紫堇科 | 紫堇属 |
| | *Corydalis taliensis*（*C. t.* var. *t.*） | 宿根花卉 | |

产我国云南

喜光；喜温暖湿润亦耐旱

| 2213 | **毛脉柳叶菜** | 柳叶菜科 | 柳叶菜属 |
| | *Epilobium amurense* | 多年生草本 | |

中国广布

喜光；喜温暖湿润；不耐旱

| 2214 | 柳叶菜 | 柳叶菜科 | 柳叶菜属 |

柳叶菜
Epilobium hirsutum（E. alba-coccinea）

柳叶菜科　柳叶菜属
多年生草本

中国广布；亚洲、欧洲、非洲有分布
喜光；喜温暖湿润；不耐旱

西南拉拉藤（小红参）
Galium elegans（G. e. var. e.）

2215

茜草科　拉拉藤属
多年生草本

分布于我国西南
喜光，亦耐阴；喜温暖湿润；耐旱

2216	蒲苇	禾本科	蒲苇属
	Cortaderia seloana	多年生草本	

产南美，中国南方广布
喜光；喜温暖至高温；耐干旱贫瘠

<table>
<tr><td>2217</td><td>老鹳草</td><td>牻牛儿苗科</td><td>老鹳草属</td></tr>
<tr><td></td><td>Geranium erianthum</td><td colspan="2">多年生草本</td></tr>
</table>

广布温带
喜光；喜冷凉至温暖

宿

根

花

卉

华凤仙（水金凤、水边指甲花） 凤仙花科 凤仙花属

Impatiens uliginosa (*I. noli-tangere, I. chinensis*) 多年生草本

产我国云南，昆明附近极多
喜半阴；喜温暖湿润，生育适温18～25℃

2219	**锦葵**（棋盘花、小熟季花、钱葵、欧锦葵）	锦葵科	锦葵属
	Malva sylvestris	宿根花卉	

产亚洲、欧洲、北美、北非
喜光，耐半阴；喜温暖湿润，生育适温15～25℃

2220	**钩毛茜草**	茜草科	茜草属
	Rubia oncotricha	多年生草本	

我国分布于云南、贵州、广西
喜光；喜温暖湿润

2221	蝇子草 *Silene fortunei*	石竹科	蝇子草属
		多年生草本	

产我国西南至东北部
喜光；喜温暖湿润，亦耐旱

2222	欧洲蝇子草 *Silene* sp.	石竹科	蝇子草属
		多年生草本	

分布北温带，地中海沿岸尤盛
喜光；喜温暖；耐旱

拉丁名索引

拉
丁
名
索
引

拉
丁
名
索
引

中文名索引

中
文
名
索
引

科属索引

272

273

科
属
索
引

后记

本书收集了生长在国内外的观赏植物3237种（含341个品种、变种及变型），隶属240科、1161属，其中90%以上的植物已在人工建造的景观中应用，其余多为有开发应用前景的野生花卉及新引进待推广应用的"新面孔"。86类中国名花，已收入83类（占96%）。本书的编辑出版是对恩师谆谆教诲的回报，是对学生期盼的承诺，亦是对始终如一给予帮助和支持的家人及朋友的厚礼。

本书的编辑长达十多年，参与人员30多位，虽然照片的拍摄、鉴定、分类及文稿的编辑撰写等主要由我承担，但很多珍贵的信息、资料都是编写人员无偿提供的，对他们的无私帮助甚为感激。

在本书出版之际，我特别由衷地感谢昆明植物园"植物迁地保护植物编目及信息标准化（2009ＦＹ1202001项目）"课题组及西南林业大学林学院对本书出版的赞助；感谢始终帮助和支持本书出版的伍聚奎、陈秀虹教授，感谢坚持参与本书编辑的云南师范大学文理学院"观赏植物学"项目组的师生，如果没有你们的坚持奉献，全书就不可能圆满地完成。

最后还要感谢中国建筑工业出版社吴宇江编审的持续鼓励、帮助和支持，感谢为本书排版、编校所付出艰辛的各位同志，谢谢你们！

由于排版之故，书中留下了一些"空窗"，另加插图，十分抱歉，请谅解。

愿与更多的植物爱好者、植物科普教育工作者交朋友，互通信息，携手共进，再创未来。

编者

2015年元月20日